普通高等教育规划教材

计算机绘图
——AutoCAD 上机指导

刘立平　主编 ｜ 张伟华　副主编

第二版

化学工业出版社

·北京·

内 容 简 介

本书通过精选的上机指导和大量的综合训练题，全面讲解了AutoCAD绘图功能，内容包括：Auto-CAD操作基础、绘制平面图形、绘制三视图、绘制零件图、绘制装配图、绘制化工工艺图、计算机绘图师考试模拟试卷等。

本书可作为机械类、化工类应用型本科、职业本科、高职高专院校工科计算机绘图课程教材，根据不同专业的教学大纲要求在50～90学时内实施，也可作为绘图员、计算机绘图师的培训教材，也可以作为机械设计制图竞赛指导书，或作为其它相近专业以及成人教育的教材或参考用书。

图书在版编目（CIP）数据

计算机绘图：AutoCAD上机指导/刘立平主编.—2版.—北京：化学工业出版社，2022.1（2024.6重印）

普通高等教育规划教材

ISBN 978-7-122-40234-9

Ⅰ.①计… Ⅱ.①刘… Ⅲ.①AutoCAD软件-高等学校-教材 Ⅳ.①TP391.72

中国版本图书馆CIP数据核字（2021）第227050号

责任编辑：高　钰　　　　　　　　　装帧设计：刘丽华
责任校对：田睿涵

出版发行：化学工业出版社（北京市东城区青年湖南街13号　邮政编码100011）
印　　装：三河市双峰印刷装订有限公司
787mm×1092mm　1/16　印张10　字数229千字　2024年6月北京第2版第4次印刷

购书咨询：010-64518888　　　　　　　　售后服务：010-64518899
网　　址：http://www.cip.com.cn

凡购买本书，如有缺损质量问题，本社销售中心负责调换。

定　　价：32.00元

前　言

本书自 2012 年出版以来，得到许多院校的使用和认可。但随着时间的推移，目前书中的部分内容已经陈旧，不能适应新的岗位需求，因此编者参照最新制图国家标准、行业标准以及最新版本的绘图软件对本书进行了修订，以满足应用型本科、职业本科、高职高专教育的相关专业学习需求。

本书内容包括：AutoCAD 操作基础、绘制平面图形、绘制三视图、绘制零件图、绘制装配图、绘制化工工艺图、计算机绘图师考试模拟试卷等。

本书具有以下特点：

1. 根据最新的国家标准和行业标准，软件使用 AutoCAD2022，体现了本书的先进性。

2. 融入了编者多年积累的教学改革的实践经验，内容编排遵循教学规律和学生的认知规律，本着"适用、够用"的原则，力求符合高等职业教育的特色。

3. 为满足生产实践，编者广泛收集众多企业图纸，尤其是化工工艺图来自企业，并加以处理。内容设计则在继承传统内容精华的基础上，突出了在生产实践中的实用性。

4. 图文并茂，每个任务的完成均按操作步骤给出绘图过程，每个操作步骤用蓝色印刷，读者可以自学。

本书由兰州石化职业技术大学刘立平主编。参加编写工作的有：刘立平、张伟华、王春华、陈淑玲、张化平、王小芬、王霞琴、中石化宁波工程有限公司王娇琴。全书由刘立平负责统稿。

本书在编写过程中，参阅了大量的标准规范、近几年出版的相关教材及中国图学学会组织的计算机绘图师试题，在此向有关作者和所有对本书的出版给予帮助和支持的同志，表示衷心的感谢！

由于编者水平有限，书中疏漏和欠妥之处在所难免，敬请广大读者批评指正。

编　者

2021 年 9 月

目　录

项目一　AutoCAD 操作基础 / 001

1.1　能力目标 ……………………………………………………… 001
1.2　知识点 ………………………………………………………… 001
1.3　上机操作指导 ………………………………………………… 001
1.4　常见问题解答及操作技巧 …………………………………… 005
1.5　综合训练 ……………………………………………………… 006

项目二　绘制平面图形 / 009

2.1　能力目标 ……………………………………………………… 009
2.2　知识点 ………………………………………………………… 009
2.3　上机操作指导 ………………………………………………… 009
2.4　常见问题解答及操作技巧 …………………………………… 023
2.5　综合训练 ……………………………………………………… 024

项目三　绘制三视图 / 028

3.1　能力目标 ……………………………………………………… 028
3.2　知识点 ………………………………………………………… 028
3.3　上机操作指导 ………………………………………………… 028
3.4　常见问题解答及操作技巧 …………………………………… 032
3.5　综合训练 ……………………………………………………… 032

项目四　绘制零件图 / 038

4.1　能力目标 ……………………………………………………… 038
4.2　知识点 ………………………………………………………… 038
4.3　上机操作指导 ………………………………………………… 038
4.4　常见问题解答及操作技巧 …………………………………… 052
4.5　综合训练 ……………………………………………………… 052

项目五　绘制装配图 / 065

5.1　能力目标 ……………………………………………………… 065
5.2　知识点 ………………………………………………………… 065
5.3　上机操作指导 ……………………………………………… 065

5.4　常见问题解答及操作技巧 ……………………………………………………… 094

5.5　综合训练 ………………………………………………………………………… 094

项目六　绘制化工工艺图 / 112

6.1　能力目标 ………………………………………………………………………… 112

6.2　知识点 …………………………………………………………………………… 112

6.3　上机操作指导 …………………………………………………………………… 112

6.4　综合训练 ………………………………………………………………………… 125

项目七　计算机绘图师考试模拟试卷 / 132

7.1　计算机绘图师考试模拟试卷（一）……………………………………………… 132

7.2　计算机绘图师考试模拟试卷（二）……………………………………………… 139

附录 1　CAD 工程制图规则（摘自 GB/T 18229—2000）/ 146

附录 2　化工工艺图相关规定 / 148

参考文献 / 151

项目一

AutoCAD操作基础

1.1 能力目标

① 熟悉 AutoCAD 的工作界面和图形文件的管理方法；

② 熟练设置符合国家标准的绘图环境；

③ 熟练掌握命令的执行与结束方法；

④ 熟练掌握坐标的输入方法。

1.2 知识点

① AutoCAD 经典工作空间界面介绍；

② 命令的执行、结束；

③ 坐标的输入；

④ 图形单位、图形界限的设定；

⑤ 绘图辅助工具的使用；

⑥ 图形文件的管理。

1.3 上机操作指导

任务① 绘制如图 1-1 所示图形，不标注尺寸，设置图纸幅面为 50×50。

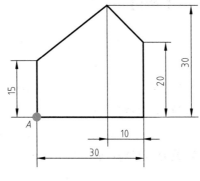

图 1-1 凸模平面图形

【操作指导 1】

（1）启动 AutoCAD2022 中文版

① 双击桌面上"AutoCAD2022 中文版"图标。

② 单击【开始】｜【程序】｜【Autodesk】｜【AutoCAD2022】。

系统进入 AutoCAD2022 中文版。

（2）设置图形单位

单击【格式】｜【单位】，弹出【图形单位】对话框，设置如图 1-2 所示。

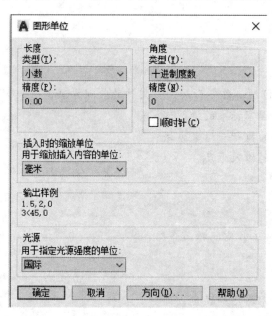

图 1-2　图形单位设置

（3）设置图形界限

单击【格式】｜【图形界限】。

重新设置模型空间界限：

指定左下角点或［开（ON）/关（OFF）］＜0.0000，0.0000＞：　　　　　　　　　（回车）

指定右上角点＜420.0000，297.0000＞：50，50　　　　　　（输入 50，50，回车）

（4）显示缩放

单击【视图】｜【缩放】｜【全部】。

（5）直线命令

命令：_line 指定第一点：　　　　　　　　　　　　　　　（屏幕上任意位置指定 A 点）

指定下一点或［放弃（U）］：30　　　（极轴打开状态，A 点向右捕捉到 X 轴输入 30）

指定下一点或［放弃（U）］：20　　　　　（极轴打开状态，向上捕捉到 Y 轴输入 20）

指定下一点或［闭合（C）/放弃（U）］：@−10，10

　　　　　　　　　　　　　　　　　　（DYN 打开状态，直接输入−10，10）

指定下一点或［闭合（C）/放弃（U）］：@−20，−15

　　　　　　　　　　　　　　　　　　（DYN 打开状态，直接输入−20，−15）

指定下一点或［闭合（C）/放弃（U）］：c　　　　　　（选择闭合，输入 c，回车）

（6）保存文件

单击【文件】｜【另存】。

【模仿练习 1】　绘制如图 1-3 所示图形。

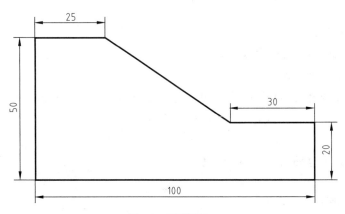

图 1-3　平面图形一

【模仿练习 2】　绘制如图 1-4 所示图形。

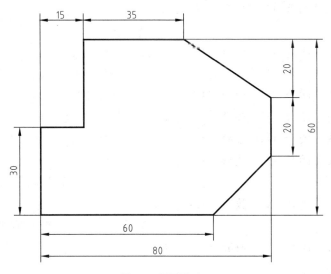

图 1-4　平面图形二

任务 **2**　绘制如图 1-5 所示图形，不标注尺寸，设置图纸幅面为 80×60。

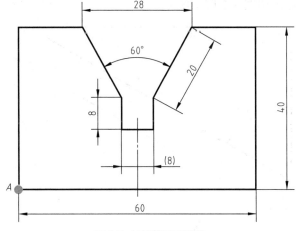

图 1-5　V 形槽平面图形

【操作指导 2】

（1）设置图形界限

单击【格式】｜【图形界限】。

重新设置模型空间界限：

指定左下角点或［开（ON）/关（OFF）］＜0.0000，0.0000＞：　　　　　　　　（回车）

指定右上角点＜420.0000，297.0000＞：80，60　　　　　　（输入 80，60，回车）

（2）显示缩放

单击【视图】｜【缩放】｜【全部】。

（3）直线命令

命令：_line 指定第一点：　　　　　　　　　　　　　　（屏幕上任意位置指定 A 点）

指定下一点或［放弃（U）］：60　　　（极轴打开状态，A 点向右捕捉到 X 轴输入 60）

指定下一点或［放弃（U）］：40　　　（极轴打开状态，向上捕捉到 Y 轴输入 40）

指定下一点或［闭合（C）/放弃（U）］：16

（极轴打开状态，向左捕捉到 X 轴输入 16）

指定下一点或［闭合（C）/放弃（U）］：@20＜240

（DYN 打开状态，直接输入 20＜240）

指定下一点或［闭合（C）/放弃（U）］：8　（极轴打开状态，向下捕捉到 Y 轴输入 8）

指定下一点或［闭合（C）/放弃（U）］：8　（极轴打开状态，向左捕捉到 X 轴输入 8）

指定下一点或［闭合（C）/放弃（U）］：8　（极轴打开状态，向上捕捉到 Y 轴输入 8）

指定下一点或［闭合（C）/放弃（U）］：@20＜120

（DYN 打开状态，直接输入 20＜120）

指定下一点或［闭合（C）/放弃（U）］：16

（极轴打开状态，向左捕捉到 X 轴输入 16）

指定下一点或［闭合（C）/放弃（U）］：C　　　　　　　（选择闭合，输入 C，回车）

（4）保存文件

单击【文件】｜【另存】。

【模仿练习 3】　绘制如图 1-6 所示图形。

【模仿练习 4】　绘制如图 1-7 所示图形。

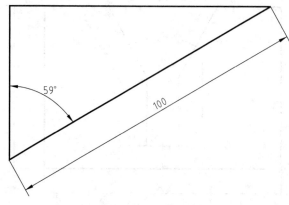

图 1-6　平面图形三

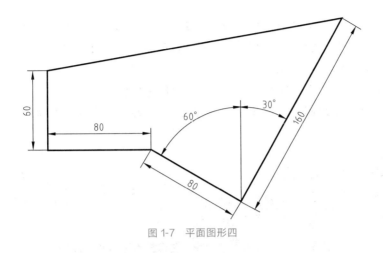

图 1-7　平面图形四

1.4　常见问题解答及操作技巧

① 在没有关闭文件的状态下，如何找到已绘制的图形？

在没有关闭文件的状态下，由于显示缩放初学者经常会找不到已经绘制好的图形，可以在命令等待状态下，单击菜单【视图】｜【缩放】｜【全部】，或者直接单击工具条按钮。

② 在 AutoCAD 意外关闭或关机情况下，如何找到已绘制未保存的图形？

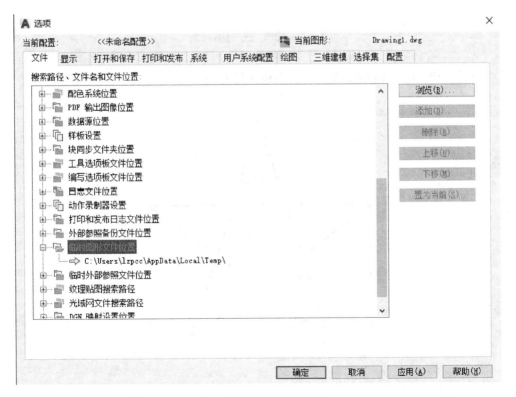

图 1-8　临时图形文件位置

　　AutoCAD有自动存盘功能。单击【工具】｜【选项】，在选项对话框中单击"文件"选项卡，查找临时图形文件位置如图1-8所示，按照自动保存文件路径找到自动保存文件，将其扩展名sv$改为dwg。

　　③ 如何在低版本打开高版本AutoCAD的图形文件？

　　AutoCAD高版本绘制的图形文件在保存时，"选择类型"选择低版本保存，如图1-9所示。

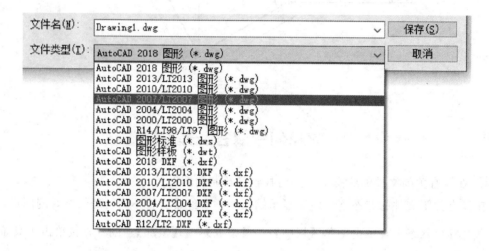

图1-9　保存文件类型

1.5　综合训练

绘制图1-10～图1-15的平面图形，不标注尺寸。

（1）

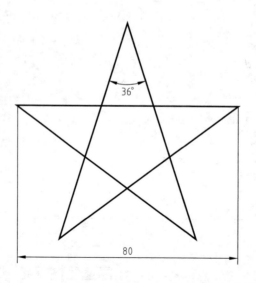

图1-10

（2）

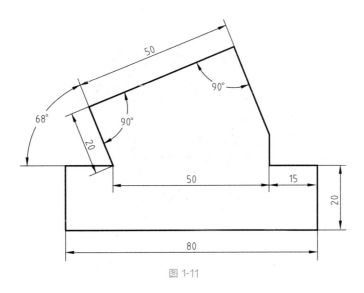

图 1-11

（3）

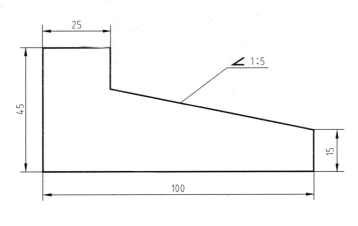

图 1-12

（4）

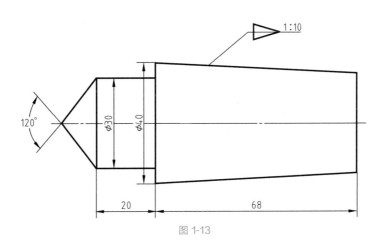

图 1-13

（5）

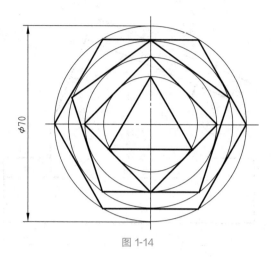

图 1-14

（6）

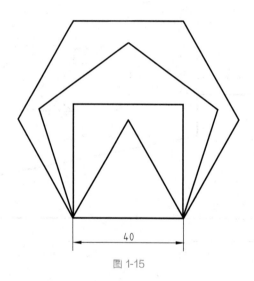

图 1-15

项目二

绘制平面图形

2.1 能力目标

① 熟练绘制平面图形;

② 正确标注平面图形的尺寸。

2.2 知识点

① AutoCAD 绘图命令的使用方法及技巧;

② AutoCAD 修改命令的使用方法及技巧;

③ 图层的设置及使用;

④ AutoCAD 标注命令的使用方法及技巧;

⑤ 绘图辅助工具的使用。

2.3 上机操作指导

任务① 绘制如图 2-1 所示平面图形。

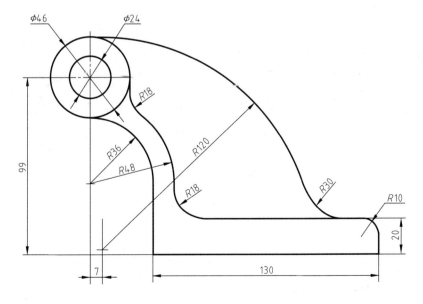

图 2-1 平面图形

【操作指导1】

（1）创建图层

图层是组织图形的主要方法，灵活运用图层，可以简化图形的管理，减少重复劳动，提高工作效率；创建图层的步骤如下：

① 单击菜单【格式】|【图层】，或者直接单击图层工具栏图标按钮，打开【图层特性管理器】对话框，如图2-2所示。

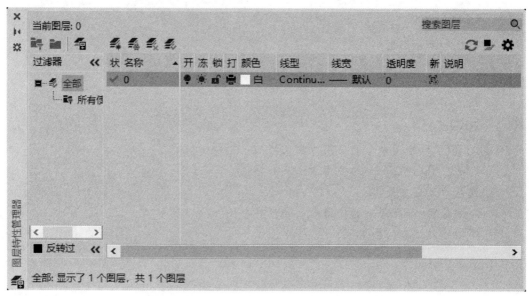

图2-2　图层特性管理器

② 新建粗实线图层。单击新建图层图标按钮，系统新建一个名为"图层1"的新图层，其它特性与0层的特性相同。更改图层名为"粗实线"，颜色为"白色"，线宽为"0.5"，如图2-3所示。

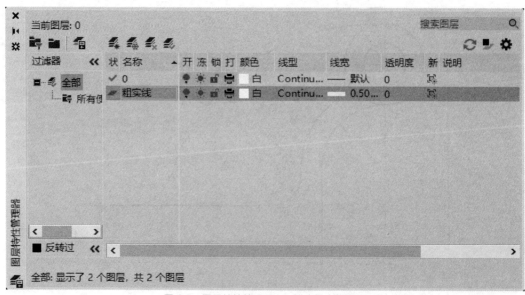

图2-3　图层特性管理器——新建粗实线图层

③ 新建细点画线图层。

第 1 步：单击新建图层图标按钮 ，系统新建一个名为"图层 1"的新图层，其它特性与粗实线层的特性相同，如图 2-4 所示。

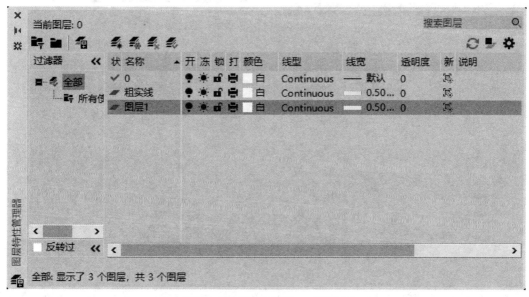

图 2-4　图层特性管理器——创建图层

第 2 步：将图层名更改为"细点画线"，颜色为"红色"，线宽为"默认"。

第 3 步：单击细点画线层的"Continues"，弹出【选择线型】对话框，已加载线型只有"Continuous"，如图 2-5 所示。

第 4 步：单击【加载】按钮，弹出【加载或重载线型】对话框，在该对话框中选择线型"CENTER"，如图 2-6 所示。

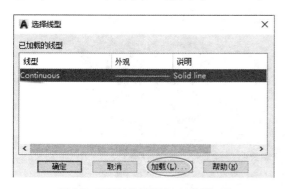

图 2-5　图层特性管理器——线型加载

图 2-6　图层特性管理器——加载新线型

第 5 步：单击【确定】按钮，则在【选择线型】对话框中，【已加载线型】中添加了"CENTER"线型，如图 2-7 所示；选择"CENTER"线型，如图 2-8 所示，单击【确定】按钮，即更改了细点画线的线型为"CENTER"，如图 2-9 所示。

④ 同上可创建尺寸线、辅助线等新图层，如图 2-10 所示。

（2）绘制平面图形

① 绘制直径为 $\phi46$、$\phi24$ 的同心圆。

图 2-7 图层特性管理器——选择线型

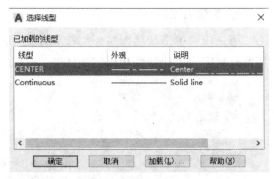

图 2-8 图层特性管理器——选择 CENTER 线型

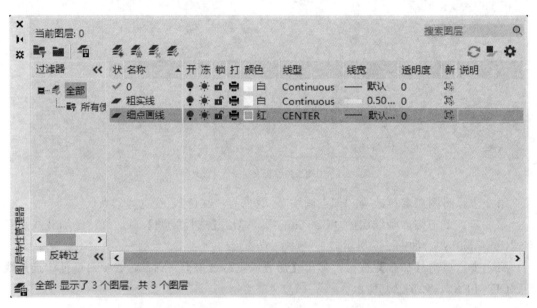

图 2-9 图层特性管理器—创建细点画线图层

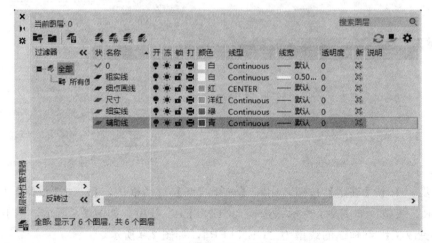

图 2-10 图层特性管理器——创建所需图层

第 1 步：将粗实线设置为当前层。

第 2 步：单击菜单【绘图】｜【圆】｜【圆心、半心或圆心、直径】，或者直接单击

【绘图】工具条中的 ⊕ 按钮，绘制 φ24 的圆，如图 2-11 所示。

第 3 步：单击【绘图】工具条中的 ⊕ 按钮，选择圆心为捕捉对象（设置如图 2-12 所示），捕捉到 φ24 圆的圆心，输入半径 23，如图 2-13 所示。

图 2-11　绘制 φ24 的圆　　　　　　　　　　图 2-12　选择圆心为捕捉对象

图 2-13　捕捉 φ24 的圆心，绘制与圆 φ24 同心的 φ46 的圆

② 绘制圆的中心线。将细点画线设置为当前层，单击菜单【绘图】|【直线】，或者单击【绘图】工具条中的 ╱ 按钮，在细点画线层绘制中心线，如图 2-14 所示。

③ 绘制 R36 的圆。

第 1 步：将粗实线层设置为当前层。

第 2 步：在"对象捕捉模式"中选择"交点"为有效，由 φ46 与垂直轴线的交点处向下输入 36 即为 φ36 的圆心（图 2-15），输入半径 36 即绘制出 R36 的圆。

④ 绘制直线段。

第 1 步：单击菜单【绘图】|【修改】|【偏移】，或者单击【修改】工具条中的 ⊏ 按钮，执行"偏移"命令以确定 99 的直线位置（图 2-16）。

第 2 步：在"对象捕捉模式"中选择"象限点"为有效，单击 ╱ 按钮，捕捉 φ36 圆

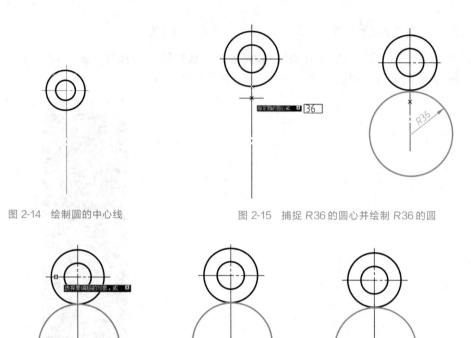

图 2-14　绘制圆的中心线　　　　　　　　图 2-15　捕捉 R36 的圆心并绘制 R36 的圆

图 2-16　选择轴线为偏移对象，确定偏移的位置并完成偏移

的右侧象限点绘制直线，依次画出各条直线段，如图 2-17 所示。

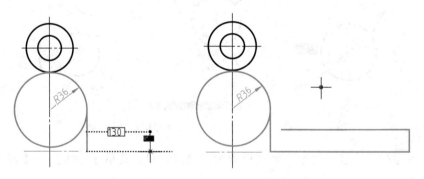

图 2-17　用直线命令绘制直线段

第 3 步：单击菜单【修改】｜【修剪】，或单击【修改】工具条的 按钮，执行"修剪"命令，修剪 R36 的圆弧，结果如图 2-18 所示。

⑤ 绘制 R48 的圆。

捕捉 R36 的圆心，输入半径 R48，即可绘制 R48 的同心圆（图 2-19）。

⑥ 绘制两段 R18 的圆弧。

第 1 步：选择画圆命令中的"切点、切点、半径（T）"方式，绘制两个半径为 18 的圆（图 2-20）。

第 2 步：修剪 R48 及 R18 两圆弧（图 2-21）。

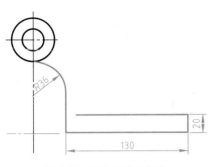

图 2-18　修剪 R36 的圆弧

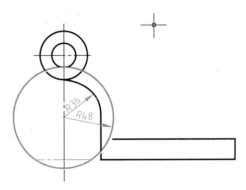

图 2-19　绘制 R48 的圆

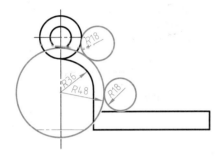

图 2-20　绘制 R18 的两圆

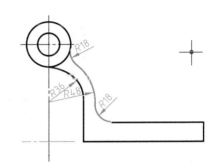

图 2-21　修剪 R48 及 R18 的圆弧

⑦ 删除偏移的中心线（图 2-22）。

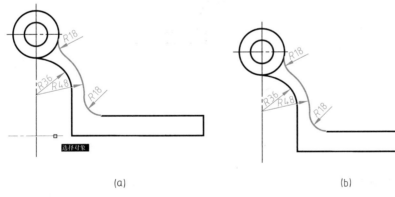

(a)　　　　　　　　　　　　　　　　　　　(b)

图 2-22　删除多余的中心线

⑦ 绘制 R10 的圆弧。单击菜单【修改】｜【圆角】，或单击【修改】工具条的 ⬛ 图标按钮，执行"圆角"命令，结果如图 2-23 所示。

⑧ 绘制 R120 的圆。由于 R120 的圆弧与 φ46 的圆相内切，借助几何条件求解 R120 圆弧的圆心。

第 1 步：将 φ46 圆的竖直中心线向右偏移 7，绘制 $R(120-23)$ 的圆，如图 2-24（a）所示。

第 2 步：以第 1 步绘制直线与第 2 步绘制圆的交点为圆心，R120 为半径绘制圆，如图 2-24（b）、(c) 所示。

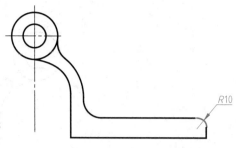

图 2-23 圆角命令绘制 R10 的圆弧

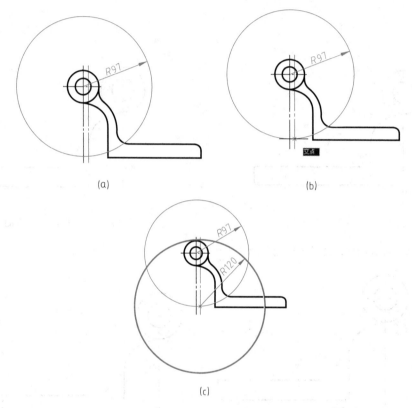

(a)

(b)

(c)

图 2-24 绘制 R120 的圆

⑨ 绘制 $R30$ 的圆弧。

第 1 步：选择画圆命令中的"切点、切点、半径（T）"方式，绘制半径为 30 的圆。

第 2 步：修剪多余圆弧，如图 2-25 所示。

（3）标注平面图形尺寸

① 标注线性尺寸。单击菜单【标注】|【线性】，或单击【标注】工具条的 ⊢ 按钮，进入线性标注命令，有两种标注方式，即分别指定尺寸界线原点和选择对象方式。标注线性尺寸如图 2-26 所示。

② 标注圆弧尺寸。单击菜单【标注】|【半径】，或单击【标注】工具条的 ⌒ 按钮，进行"半径"尺寸的标注。

a. 标注各圆弧尺寸。分别选择各段圆弧，标注如图 2-27（a）所示。

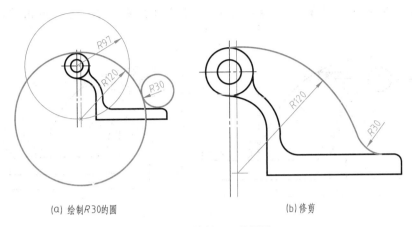

(a) 绘制R30的圆　　　　　　　(b) 修剪

图 2-25　绘制 R30 的圆弧

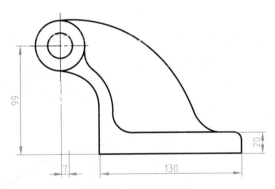

图 2-26　标注线性尺寸

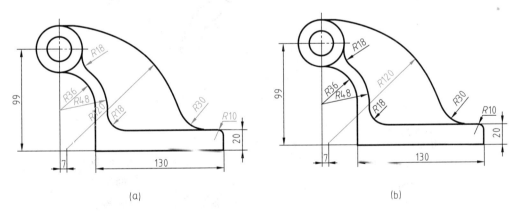

(a)　　　　　　　　　　　　　(b)

图 2-27　标注圆弧的半径尺寸

b. 编辑标注。如图 2-27（a）所示 $R120$ 的尺寸数字与图线重合，可对尺寸进行编辑，单击 $R120$ 尺寸，可改变尺寸数字及尺寸线的位置，如图 2-27（b）所示。

③ 标注直径尺寸。单击标注工具条的 ⊘ 按钮，进行"直径"尺寸的标注。

a. 标注直径尺寸，如图 2-28 所示。

b. 编辑标注直径尺寸——创建"子标注样式"。

第 1 步：单击菜单【格式】|【标注样式】，如图 2-29 所示。

第 2 步：在弹出的【标注样式管理】对话框中确定标注样式，然后单击【新建】按钮。在【创建新标注样式】中的【用于】选择【直径标注】，然后单击【继续】，如图 2-30 所示。

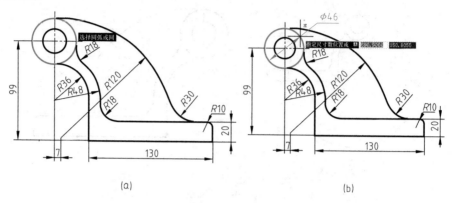

图 2-28　标注圆的直径尺寸

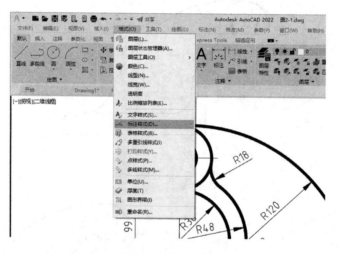

图 2-29　标注样式

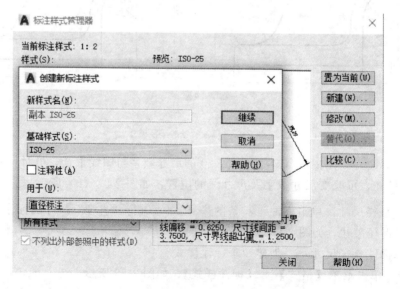

图 2-30　创建新标注样式

第 3 步：在【新建标注样式：ISO—25：直径】对话框中，选择【文字】选项，将【文字对齐方式】确定为【ISO 标准】，如图 2-31 所示。

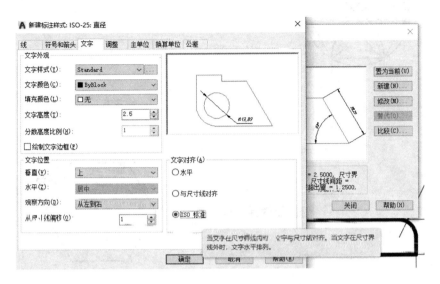

图 2-31 创建标注样式子样式

第 4 步：标注直径，如图 2-32 所示。

（4）检查、调整，完成平面图形

【模仿练习 1】 绘制如图 2-33 所示平面图形。

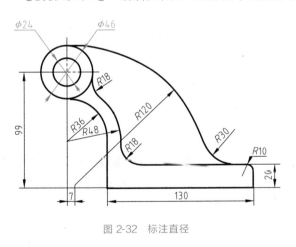

图 2-32 标注直径

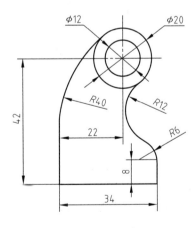

图 2-33 平面图形一

任务❷ 绘制如图 2-34 所示平面图形。

【操作指导 2】

① 单击菜单【绘图】│【正多边形】，或单击【绘图】工具条的 ⬡ 按钮，用边长方式画一个边长为 35 的正六多边形，如图 2-35 所示。

② 以正六边形的中心为圆点画正六边形的外接圆，如图 2-36 所示。

③ 以正六边形的外接圆的圆心为基点通过圆心复制两个圆，如图 2-37 所示。

④ 修剪两个圆，其结果如图 2-38 所示。

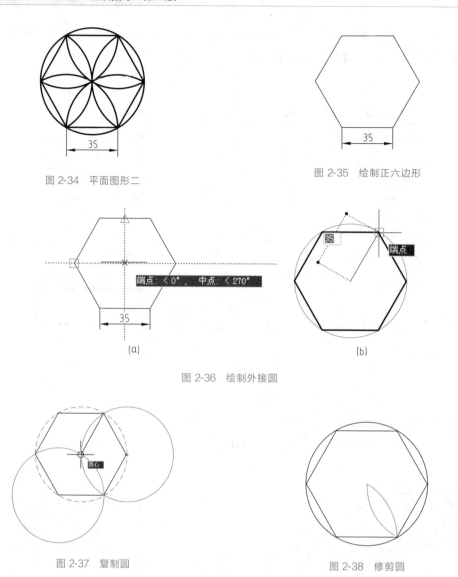

图 2-34　平面图形二　　　　　　　　　图 2-35　绘制正六边形

图 2-36　绘制外接圆

图 2-37　复制圆　　　　　　　　　　图 2-38　修剪圆

⑤ 单击菜单【修改】│【环形阵列】，或单击【修改】工具条的 按钮，选择阵列对象，指定阵列的中心点，弹出如图 2-39 所示阵列对话框，输入"项目数"、"填充角度"等，单击【关闭】。将修剪后的圆弧进行环形阵列，阵列后的图形如图 2-40 所示。

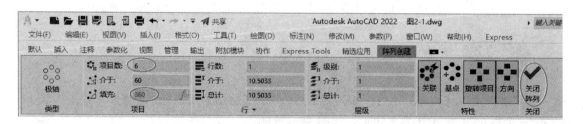

图 2-39　阵列对话框

【模仿练习 2】　绘制如图 2-41 所示平面图形。

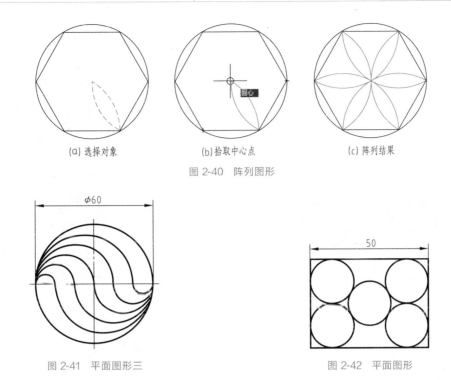

（a）选择对象　　　　　　（b）拾取中心点　　　　　　（c）阵列结果

图 2-40　阵列图形

图 2-41　平面图形三　　　　　　　　　图 2-42　平面图形

任务❸　绘制如图 2-42 所示平面图形。

【操作指导 3】

① 绘制一半径为 $R10$ 的圆，如图 2-43（a）所示。

② 单击菜单【修改】|【复制】，或单击【修改】工具条的 ⅋ 按钮，捕捉 $R10$ 左侧象限点为基点，如图 2-43（b）所示，复制到圆右侧象限点，如图 2-43（c）所示，连续复制第二个圆，如图 2-43（d）所示。

（a）绘制圆　　　　（b）指定复制基点　　　　（c）复制圆　　　　　　（d）复制两个圆

图 2-43　绘制圆

③ 单击菜单【绘图】|【圆】|【切点、切点、半径】，或单击【绘图】工具条的 ⊙ 按钮，用"切点、切点、半径"的方式画两个半径为 $R10$，并与前 $R10$ 相切的圆，如图 2-44 所示。

④ 画圆的外公切线，"对象捕捉设置"只定义为切点，如图 2-45 所示。

单击菜单【绘图】|【直线】，或单击【绘图】工具条 ╱ 的按钮，画四条外公切线，如图 2-46 所示。

⑤ 单击菜单【修改】|【圆角】，或单击【修改】工具条的 ⌐，执行【圆角】命令，将圆角半径修改为 $R=0$，将四条切线延伸为尖角，如图 2-47 所示。

图 2-44　绘制相切的圆

图 2-45　设置切点

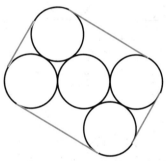

图 2-46　绘制公切线

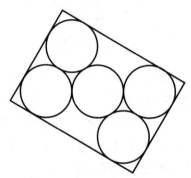

图 2-47　圆角

⑥ 单击菜单【修改】|【旋转】，或单击【修改】工具条的 ⟳，执行【旋转】命令，将图形旋转到与题目要求相同的方向，如图 2-48 所示。

⑦ 单击菜单【修改】|【缩放】，或单击【修改】工具条的 □ 按钮，执行【缩放】命令，根据题目要求将外切四边形的一条边长缩放为 50，现图形的边长为 55，如图 2-49 所示。

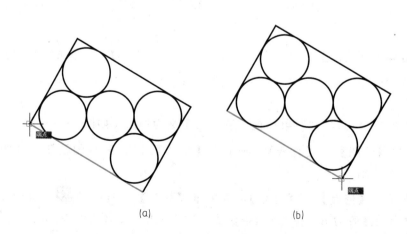

(a)　　　　　　　　　　(b)

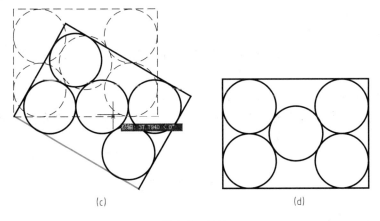

图 2-48　旋转

【模仿练习 3】　绘制如图 2-50 所示平面图形。

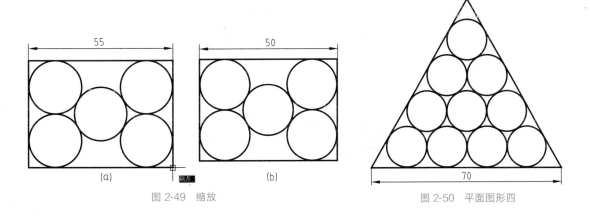

图 2-49　缩放　　　　　　　　　　　　图 2-50　平面图形四

2.4　常见问题解答及操作技巧

① 如何删除顽固图层？

方法 1：将无用的图层关闭，全选，COPY 粘贴至一新文件中，那些无用的图层就不会贴过来了。如果曾经在这个不要的图层中定义过块，又在另一图层中插入了这个块，那么这个不要的图层是不能用这种方法删除的。

方法 2：选择需要留下的图形，然后选择文件菜单【输出】|【块文件】，这样的块文件就是选中部分的图形了，如果这些图形中没有指定的层，这些层也不会被保存在新的图块图形中。

方法 3：打开一个 CAD 文件，把要删的层先关闭，在图面上只留下你需要的可见图形，单击【文件】|【另存为】，确定文件名，在文件类型栏选 *.DXF 格式，在弹出的对话窗口中单击【工具】|【选项】|【DXF】选项，再在选择对象处打钩，单击确定，接着单击保存，就可选择保存对象了，把可见或要用的图形选上就可以确定保存了，完成后退出这个刚保存的文件，再打开来看看，你会发现你不想要的图层不见了。

方法 4：用命令 laytrans，可将需删除的图层映射为 0 层即可，这个方法可以删除具有实体对象或被其它块嵌套定义的图层。

②　如何改变已有对象的图层？

选择"对象"，然后在"图层控制"框中选择需要改变的图层即可将对象放置在相应层。

③　在对象上进行了等分但看不到等分点如何处理？

单击菜单【格式】│【点样式】，选择除了"."和"空格"以外的点样式即可显示等分点。

2.5　综 合 训 练

绘制图 2-51～图 2-70 的平面图形。

（1）

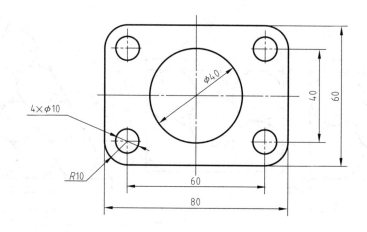

图 2-51

（2）

（3）

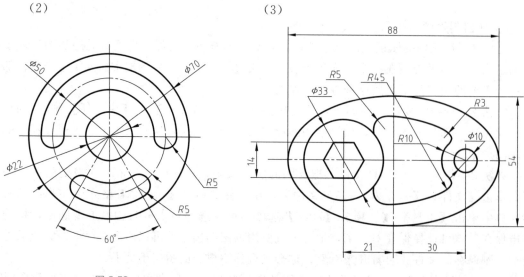

图 2-52　　　　　　　　　　　　　　　图 2-53

（4）

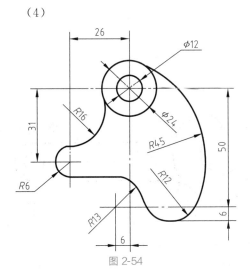

图 2-54

（5）

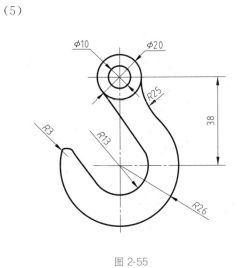

图 2-55

（6）

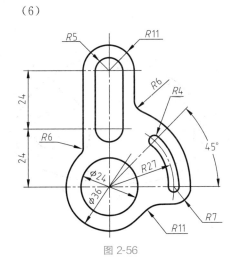

图 2-56

（7）

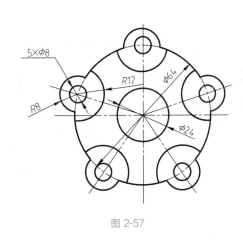

图 2-57

（8）

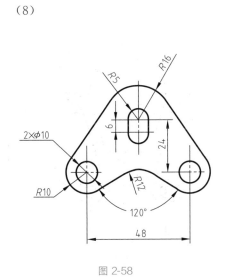

图 2-58

（9）

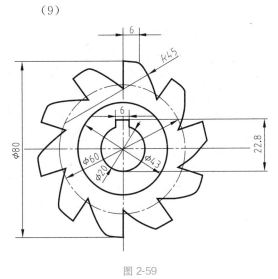

图 2-59

（10）

（11）

（12）

（13）

（14）

（15）

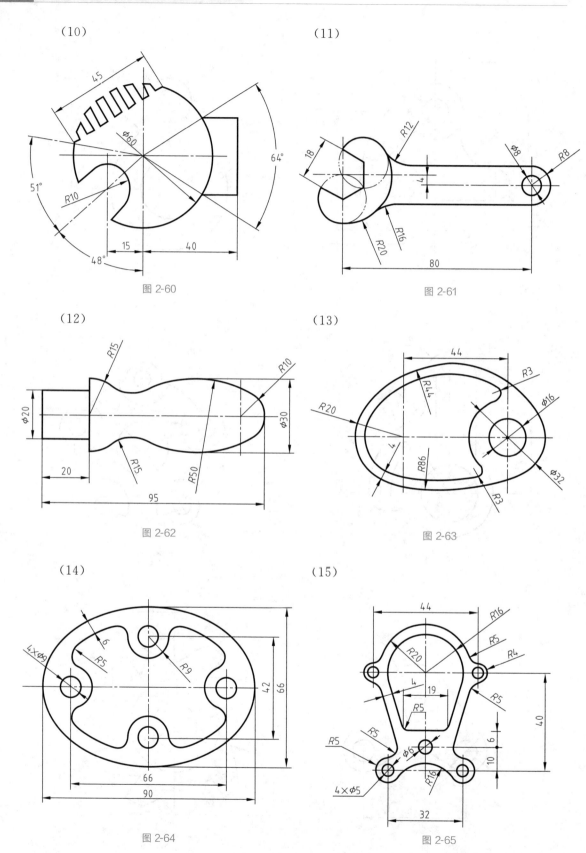

图 2-60

图 2-61

图 2-62

图 2-63

图 2-64

图 2-65

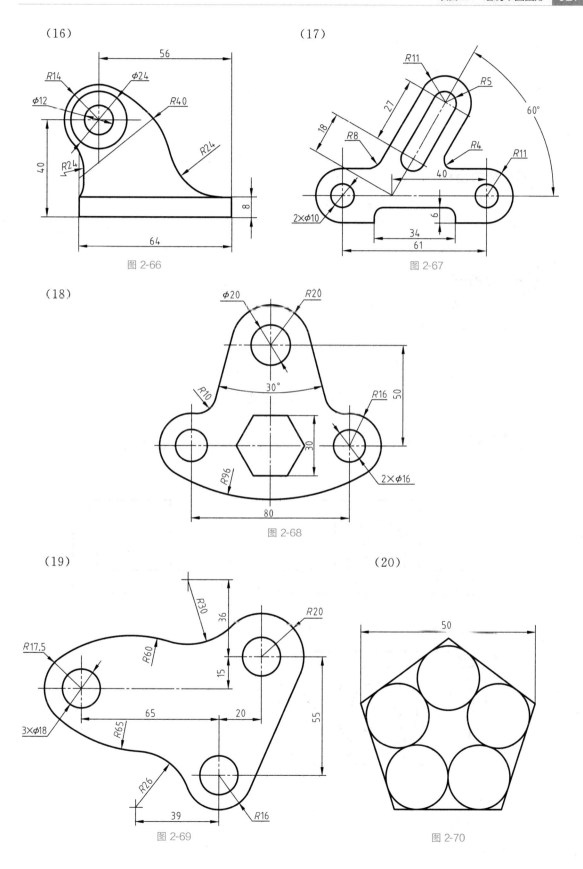

（16）

图 2-66

（17）

图 2-67

（18）

图 2-68

（19）

图 2-69

（20）

图 2-70

项目三

绘制三视图

3.1 能力目标

① 熟练掌握 AutoCAD 绘制三视图的方法；

② 熟练掌握 AutoCAD 绘制剖视图的方法。

3.2 知识点

① AutoCAD 绘制三视图的方法——对象捕捉追踪法；

② 图案填充的应用。

3.3 上机操作指导

任务 绘制如图 3-1 所示物体的三视图，并将左视图改画成全剖视图。

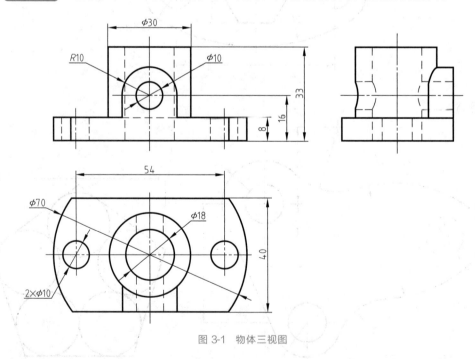

图 3-1 物体三视图

【操作指导】

（1）设置绘图环境

其中图层应包括粗实线、细点画线、细虚线、尺寸线以及剖面线层，尺寸标注样式应包括文字平齐和水平两种，操作过程略。

（2）形体分析

该物体由底板、圆筒和 U 形凸台三部分构成（注意分析各部分之间的相对位置）。

（3）绘制俯视图

① 开启"正交"、"对象捕捉"、"对象追踪"功能。

② 利用直线、圆、偏移、修剪、镜像等命令完成俯视图，如图 3-2 所示。

（4）绘制主视图

① 开启"正交"、"对象捕捉"、"对象追踪"功能。

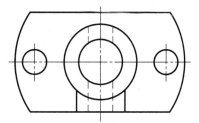

图 3-2　绘制俯视图

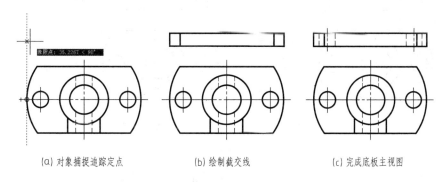

(a) 对象捕捉追踪定点　　　(b) 绘制截交线　　　(c) 完成底板主视图

图 3-3　绘制底板主视图一

② 利用直线、偏移、修剪、镜像等命令完成底板主视图，如图 3-3 所示。

③ 利用直线命令完成圆筒主视图，如图 3-4（a）所示。

④ 利用圆、直线、修剪等命令，其中使用对象捕捉工具栏中的【捕捉自】按钮 📌，捕捉底板主视图中点，垂直向上追踪 16，得到 U 形凸台的圆心，完成 U 形凸台主视图，如图 3-4（b）所示。

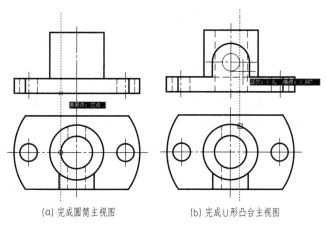

(a) 完成圆筒主视图　　　(b) 完成 U 形凸台主视图

图 3-4　绘制底板主视图二

（5）绘制左视图

① 利用"极轴"、"直线"命令，自主视图的左下角顶点，绘制 45°辅助线。注意：为保证"俯、左宽相等"的对应关系，辅助线的长度必须略超出俯视图的前缘。

② 利用"偏移"命令，完成底板左视图的前后轮廓线。

命令：_Offset（偏移—通过）

选择要偏移的对象：拾取主视图中底板的左或右轮廓线

指定通过点：利用对象捕捉追踪功能，选取与俯视图底板的后侧轮廓线与 45°辅助线的交点，如图 3-5（a）所示。

利用"直线"命令，完成底板左视图的上下轮廓线，如图 3-5（b）所示。

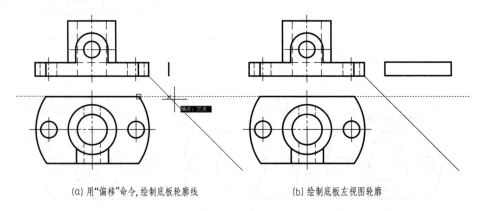

(a) 用"偏移"命令,绘制底板轮廓线　　　　(b) 绘制底板左视图轮廓

图 3-5　绘制左视图

③ 利用"复制"命令，完成底板和圆筒的左视图，如图 3-6 所示。

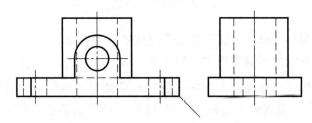

图 3-6　绘制底板和圆筒的左视图中虚线

④ 利用直线、偏移、修剪、镜像等命令绘制 U 形凸台及孔的左视图轮廓，如图 3-7 所示。

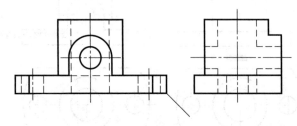

图 3-7　绘制 U 形凸台的左视图轮廓

⑤ 绘制截交线和相贯线。

a. 利用"对象捕捉"工具条中的临时追踪按钮 ，绘制截交线 1″2″。利用"圆弧"命

令的"起点、端点、半径"选项绘制圆筒与凸台的半条相贯线2″3″，如图3-8（a）所示。

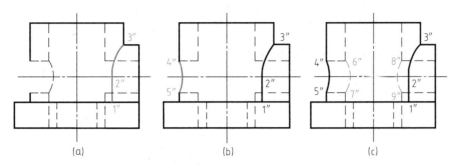

图3-8 绘制截交线和相贯线

b. 利用"圆弧"命令的"起点、端点、半径"选项绘制圆柱与圆柱孔的相贯线4″5″，如图3-8（b）所示。

c. 绘制两个圆柱孔的相贯线6″7″、8″9″，如图3-8（c）所示。完成物体的三视图，见图3-9。

（6）绘制全剖的左视图

① 将上一步中绘制的左视图，利用"删除"、"修剪"等命令，通过"图层管理器"将孔对应的细虚线改画成粗实线，如图3-10所示。

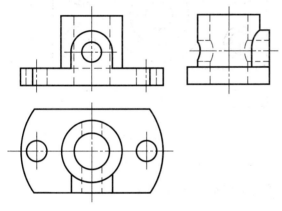

图3-9 完成三视图

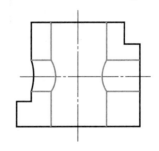

图3-10 修改成剖视图图线

② 绘制左视图中的剖面线

a. 调用"图案填充"命令。

b. 在如图3-11所示【图案填充创建】对话框中的"图案"面板中选择"ANSI31"。

图3-11 【图案填充创建】对话框

c. 此时系统提示"拾取内部点或［选择对象（S）/放弃（U）设置（T）］:"，在填充区域内依次拾取任一点。选中的填充区域边界会亮显，如图 3-12 （a） 所示。

　　d. 回车或右键确认，完成图案填充，如图 3-12 （b） 所示。

　　e. 观察图案填充的效果，如需修改，在剖面线上双击，则进入【图案填充编辑器】对话框，修改相应选项或参数即可达到预期效果。

　　【模仿练习】　根据图 3-13 所给物体主视图和俯视图，补画其全剖的左视图。

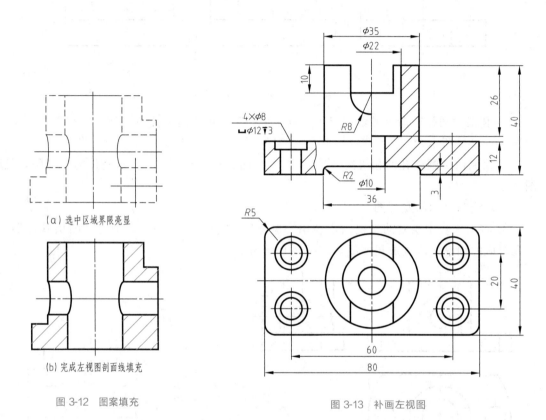

（a）选中区域界限亮显

（b）完成左视图剖面线填充

图 3-12　图案填充

图 3-13　补画左视图

3.4　常见问题解答及操作技巧

　　① 绘制三视图的不同方法有哪些？

　　现常用绘制三视图的方法主要包括两种，即复制旋转法和对象捕捉追踪法。实际应用中，对象捕捉追踪法掌握和熟悉后，绘制三视图更准确便捷。

　　② 创建与某一现有的填充图案具有相同特性的图案。

　　【图案填充和渐变色】对话框中有【继承特性】按钮，可以先在绘图窗口选择某一现有填充图案，而后在指定的填充边界内即可填充相同特性图案，该功能相当于特性匹配。

3.5　综　合　训　练

　　（1）根据图 3-14～图 3-29 所给的两个视图，补画第三视图。

①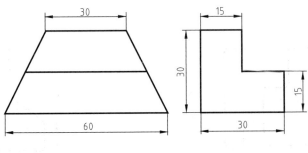

图 3-14

②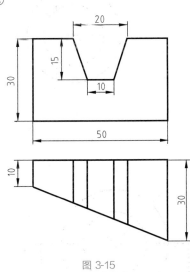

图 3-15

③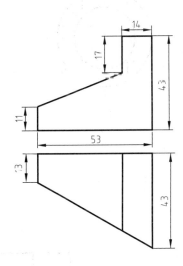

图 3-16

④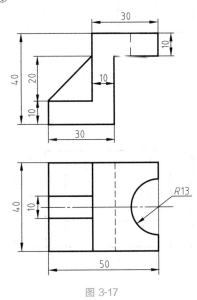

图 3-17

⑤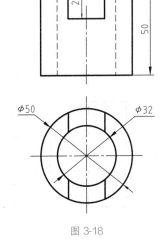

图 3-18

⑥

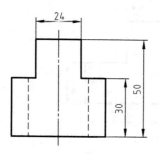

图 3-19

⑦

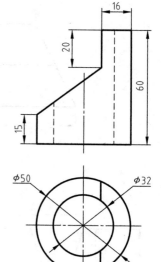

图 3-20

⑧

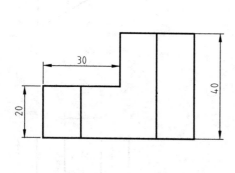

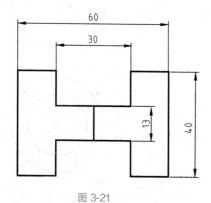

图 3-21

⑨

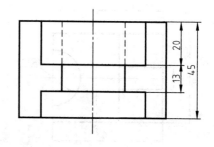

图 3-22

⑩

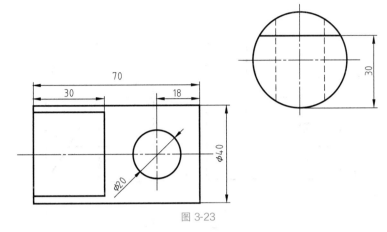

图 3-23

⑪

⑫

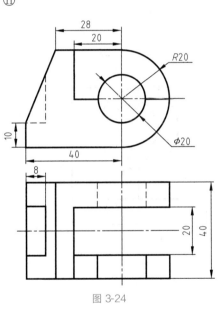

图 3-24

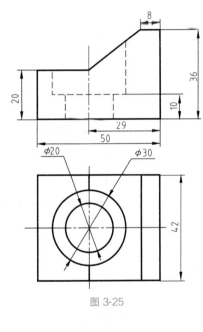

图 3-25

⑬

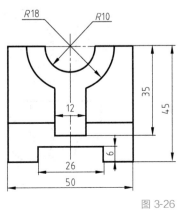

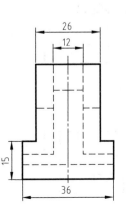

图 3-26

⑭

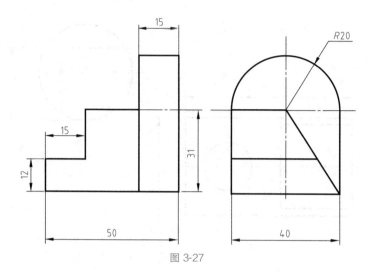

图 3-27

⑮

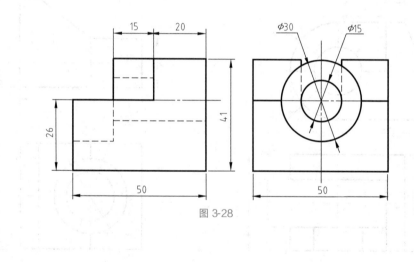

图 3-28

⑯

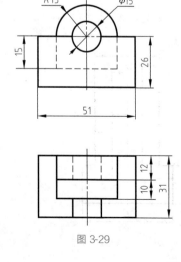

图 3-29

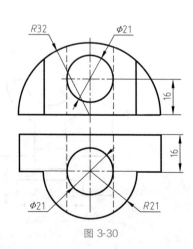

图 3-30

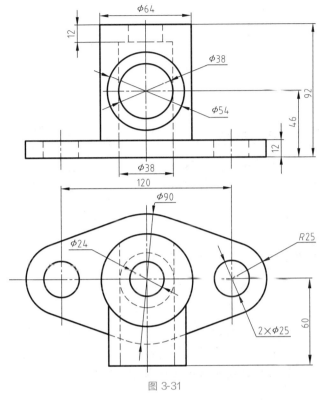

（2）根据图 3-30 两个视图，补画全剖的左视图。

（3）根据图 3-31 已有视图，将主视图、俯视图改画为半剖视图，并补画全剖的左视图。

（4）根据图 3-32 主视图和俯视图，补画其半剖的左视图。

图 3-31

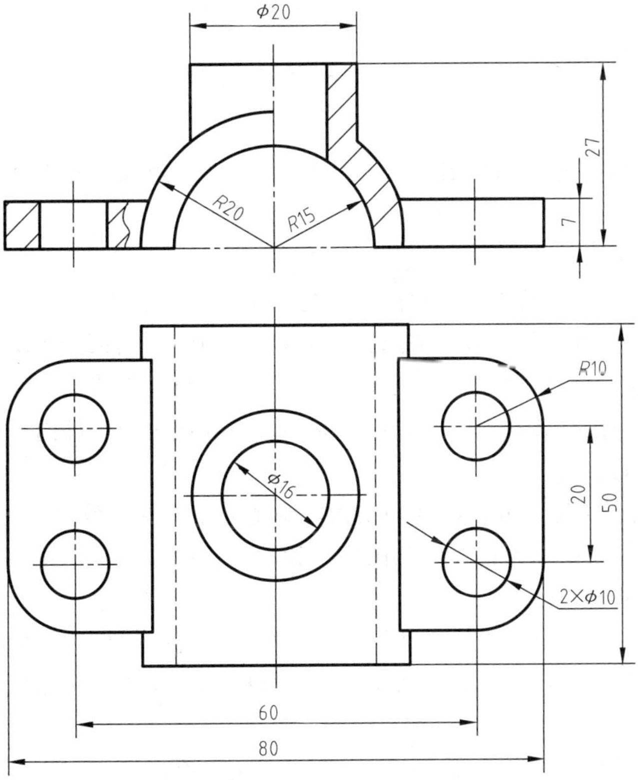

图 3-32

项目四

绘制零件图

4.1 能力目标

① 熟练绘制零件图；

② 正确进行工程标注。

4.2 知识点

① 零件图的内容；

② 尺寸公差标注；

③ 形位公差标注；

④ 运用块操作标注表面结构、基准代号；

⑤ 表格样式的创建和插入；

⑥ 文字样式的创建及技术要求注写。

4.3 上机操作指导

任务 绘制如图 4-1 所示圆柱齿轮零件图，设置图纸幅面为 A4。

【操作指导】

（1）绘制圆柱齿轮视图

① 零件图内容：一组视图、尺寸标注、技术要求和标题栏。

② 零件图视图选择：零件图视图选择的原则是：在对零件结构形状进行分析的基础上，首先根据零件的工作位置或加工位置，选择最能反映零件特征的视图作为主视图，然后再选取其它视图。选择其它视图时，应在完整、清晰地表达零件内外结构、形状的前提下，尽量减少图形的数量。

③ 零件图的绘图步骤：分析零件的结构，确定采用的视图数量、主视图的投射方向、技术要求的标注内容及图幅大小，绘制图形，如图 4-2 所示。

（2）尺寸及尺寸公差标注

一般尺寸标注参照项目三中所讲述尺寸标注方法设置标注样式、标注尺寸。

尺寸公差的标注方法：第一种方法是标注尺寸时不注偏差，注完尺寸后在【特性】对话框中输入偏差，如图 4-3 所示。

第二种方法是定义一个尺寸样式，设定上、下偏差值，如图 4-4 所示。但是一个样式只对应一个上、下偏差的值，当不同尺寸的偏差值不同时，若采用同一种尺寸样式不能满

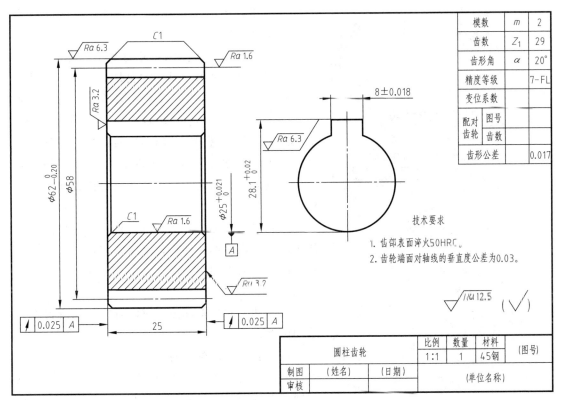

图 4-1 圆柱齿轮零件图

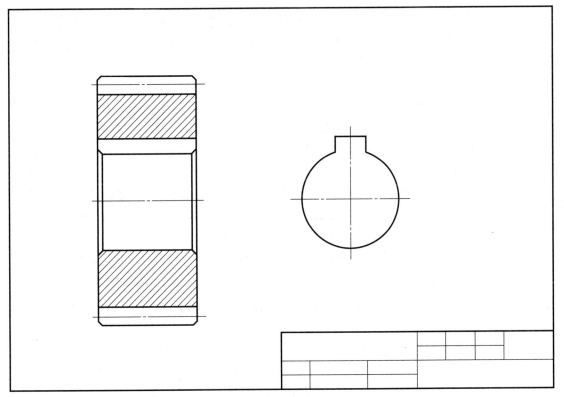

图 4-2 圆柱齿轮视图

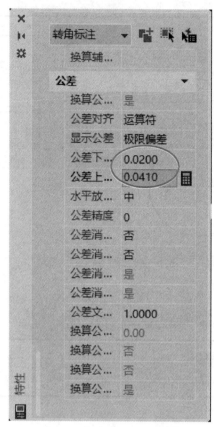

图 4-3　【尺寸特性】对话框

足标注要求，可以在标注后通过特性对话框修改上、下偏差的值。

第三种方法是在标注尺寸时利用"多行文字"的方式写入尺寸公差。具体方法是：选择标注对象（线段或圆弧）或者指定尺寸界限的两点后，在命令行输入"M"，回车，转换到设定"多行文字"的形式下，弹出【文字编辑器】对话框，在基本尺寸后输入上下偏差，堆叠（如图 4-5 所示），完成后单击【确定】按钮，指定尺寸放置位置即可完成标注。

比较这三种标注方法，可以看出第三种标注方法不用专门设定标注样式、不用修改特性，能够针对不同尺寸的不同偏差值进行快速标注，所以推荐使用。

尺寸和尺寸公差标注完成以后的圆柱齿轮零件图如图 4-6 所示。

（3）表面结构符号的标注

表面结构是指零件在加工时，由于机床振动或切削变形等因素的影响，零件的实际加工表面存在的微观高低不平。在绘制零件图时，要根据设计要求标注表面粗糙度。表面粗糙度代号是由规定的符号和有关参数值组成，由于表面粗糙度符号在零件图中出现的频率很大，为提高绘图效率，可将表面粗糙度符号制作成图块，根据需要，在零件图中插入。

创建图块的步骤如下。

第 1 步：画出基本图形符号，输入字母"Ra"，如图 4-7 所示。

第 2 步：定义属性。单击【绘图】｜【块】｜【定义属性…】，打开【属性定义】对话框，如图 4-8 所示。设置属性文字，用拾取点的方式指定属性插入点。定义属性后的结果如图 4-9 所示。

第 3 步：定义带属性的块。单击【绘图】｜【块】｜【创建块】，打开【块定义】对话框，如图 4-10 所示。设置属性文字，用拾取点的方式指定块插入点。创建的带属性块的结果如图 4-11 所示。

第 4 步：用 WBLOCK 命令将图块以文件形式保存，以便在其它文件中调用。

第 5 步：插入图块。单击【插入】｜【块】或者单击"绘图"工具条中 按钮，选择最近使用的块中"表面结构"，如图 4-12 所示。插入图块时，可选择插入点或【基点、比例、旋转、分解、重复】操作，执行命令。

由于表面结构在图上不同位置时，符号中表面结构数值的方向有时会不一致，这时可以先旋转插入表面结构图块，然后双击表面结构数值，弹出【增强属性编辑器】对话框，如图 4-13 所示。通过修改"文字选项"中的旋转角度值来改变表面结构数值的方向。

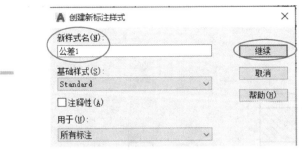

(a)新建标注样式对话框

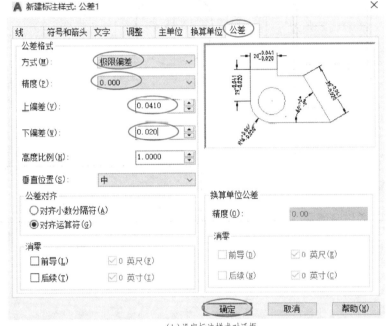

(b)设定标注样式对话框

图 4-4　尺寸样式对话框

(a)尺寸注写

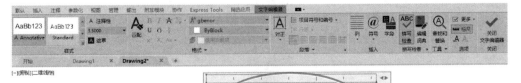

(b)上下偏差堆叠

图 4-5　文字编辑器对话框

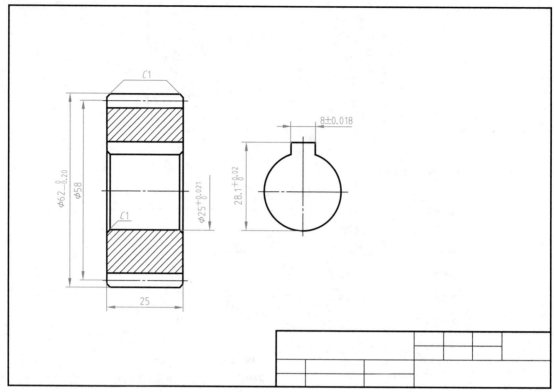

图 4-6　完成尺寸标注的圆柱齿轮零件图

图 4-7　基本图形符号

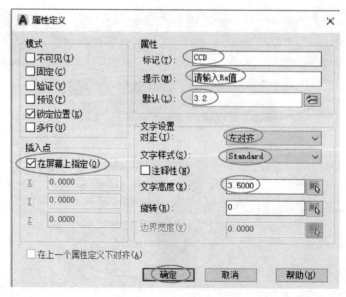

图 4-8　【属性定义】对话框

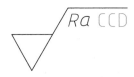

图 4-9　定义属性

(a)【块定义】对话框

(b)【编辑属性】对话框

图 4-10　创建块对话框

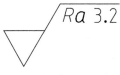

图 4-11　带属性图块

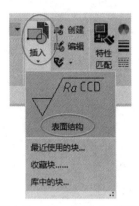

图 4-12　图块【插入】对话框　　　　　　　图 4-13　【增强属性编辑器】对话框

　　表面结构标注完成以后的圆柱齿轮零件图如图 4-14 所示。

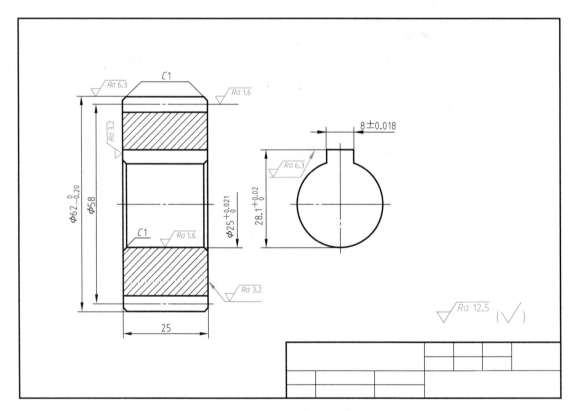

图 4-14　完成表面结构标注的圆柱齿轮零件图

　　（4）形位公差的标注

　　① 形位公差符号：形位公差的常用符号及其线框、指引线、箭头可以用"快速引线"标注，具体标注方法是：命令行输入"LE"执行"创建引线和注释"（QLEADER）命令，回车，弹出【引线设置】对话框，在"注释"类型中选择"公差"，在"引线和箭头"类型中选择"实心闭合"箭头，如图 4-15 所示，设置完成后单击【确定】。在要标注形位公差处画好引线后，自动弹出【形位公差】对话框，如图 4-16 所示，单击黑色对话框会

(a)注释选项卡设定

(b)引线和箭头选项卡设定

图 4-15 【引线设置】对话框

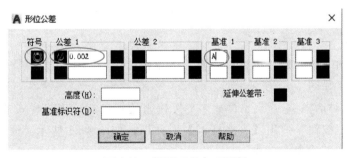

图 4-16 【形位公差】对话框

弹出形位公差符号或选项，如图 4-17 所示，而白色文本框中可输入数字或文字。

② 形位公差基准符号 形位公差基准符号如图 4-18 所示，其绘制方法可采用上述制作带属性图块的方法绘制。

形位公差标注完成以后的图形如图 4-19 所示。

（5）表格绘制

图 4-17 形位公差符号对话框

图 4-18 形位公差基准符号

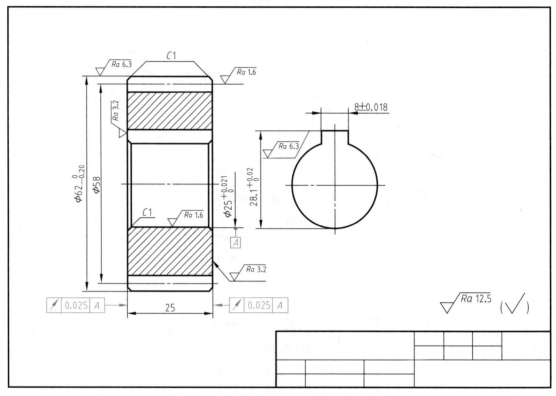

图 4-19 完成形位公差标注的圆柱齿轮零件图

① 绘制表格

第1步：单击【格式】|【表格样式】或者单击"绘图"工具条中 ▦ 按钮，打开【插入表格】对话框，如图 4-20 所示。

【插入表格】对话框中，"表格样式名称"用来选择已有的表格样式或定义表格样式。单击"表格样式"按钮，弹出【表格样式】对话框，如图 4-21 所示。通过该对话框可以编辑表格样式或者新建表格样式。

第2步：新建表格样式，单击【表格样式】对话框右侧的【新建】按钮，弹出【创建新的表格样式】对话框，如图 4-22 所示。

如图 4-23 所示，通过【新建表格样式】对话框，可以选择文字样式，设置文字高度、文字颜色、填充颜色、文字对齐方式；可以设置边框特性，如栅格线宽、栅格颜色等，还可以设置表格方向和单元边距，如水平边距和垂直边距。此外，还可以给表格设置列标题和标题，但是在零件图的标题栏和参数表中，一般没有列标题和标题。

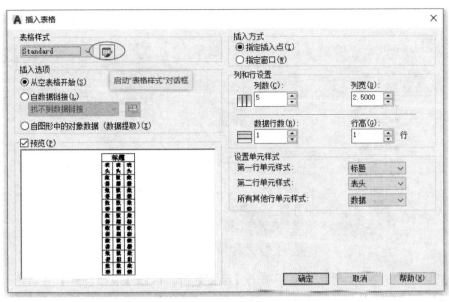

图 4-20　【插入表格】对话框

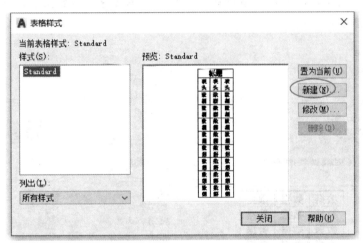

图 4-21　【表格样式】对话框

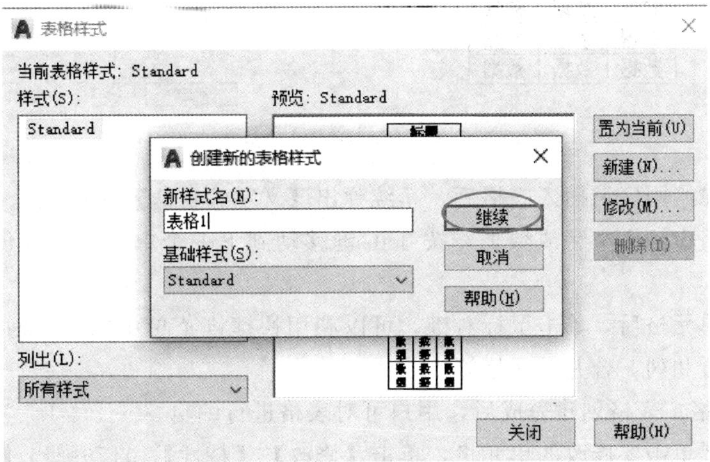

图 4-22　新建【表格样式】对话框

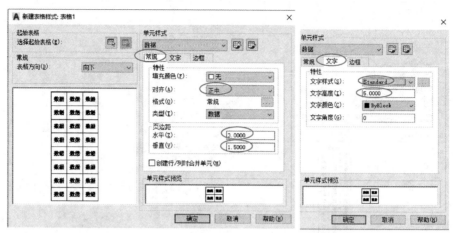

图 4-23 【新建表格样式】 参数设置对话框

第 3 步：表格样式编辑结束后，单击【确定】按钮返回【表格样式】对话框，选择所需要的表格样式置为当前，再单击该对话框中的【关闭】按钮，系统返回【插入表格】对话框，如图 4-24 所示，设置好表格行数和列数后，单击【确定】按钮，在绘图区域创建表格，如图 4-25 所示。

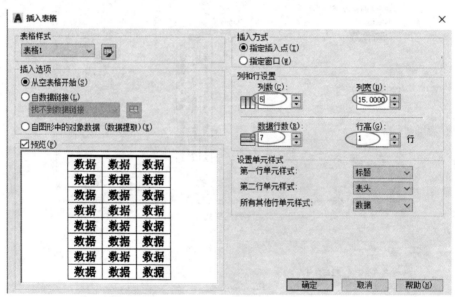

图 4-24 【插入表格】 对话框

第 4 步：在绘图区域插入表格后，系统弹出【文字编辑器】对话框，如图 4-25 所示。此时可以在表格中输入文字或数据。按 Tab 键移动到下一个单元格，也可以用箭头键来控制。

单击选择单元格后，单击鼠标右键，可以利用快捷键菜单中的选项对表格进行编辑，如删除、插入行和列，合并单元格等。

② 编辑表格：表格创建完成后，用户可对表格进行编辑。

在绘图区域单击要修改的单元格，单击【修改】|【特性】，自动弹出【特性】选项板。

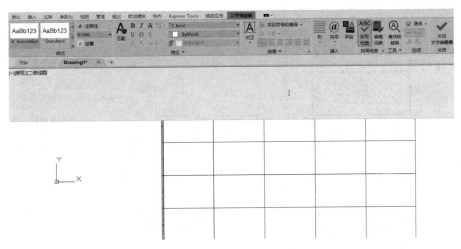

图 4-25 表格中写入文字 【文字编辑器】 对话框

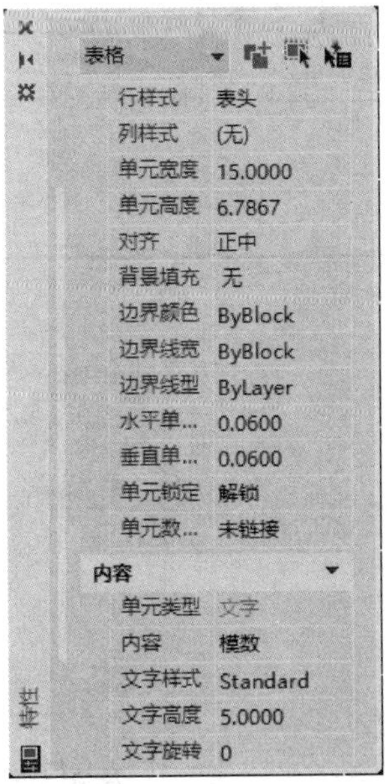

通过该选项板，可以对表格属性进行修改，如图 4-26 所示。当表格被选中后，还可以通过夹点来修改列宽和行宽。

表格绘制完成以后的图形如图 4-27 所示。

（6）文字注写

零件图中技术要求等文字的书写用文本标注命令来实现。

① 文字样式设置：国家标准对机械图样中汉字和数字字母的书写有明确的字体规定，汉字采用长仿宋体，数字和字母采用 A 型或 B 型字体。在标注文本之前，需要按照国家标准规定设置统一、标准的文本标注样式。

单击【格式】|【文字样式】，打开【文字样式】对话框，如图 4-28 所示。

单击"样式名"下方列表，可以选择文字样式，或者选择【新建】可以创建新样式。

a. 设置汉字样式。单击【新建】按钮，可以打开如图 4-29 所示的【新建文字样式】对话框。输入样式名后，单击【确定】按钮返回【文字样式】对话框，如图 4-30 所示，对新文字样式进行设置。

图 4-26 表格【特性】对话框

在"字体名"下拉菜单中选择"仿宋"；在"高度"下方文本框内，采取默认值 0；"效果"下方的颠倒、反向、垂直用来修改字体的特性；"宽度比例"文本框用来设置文字的宽度系数，设定"宽度比例"为 0.7；"倾斜角度"文本框用来设置文字的倾斜角度。

当文字样式设置完成后单击【应用】按钮，将此文字样式设置为当前文字样式。

b. 设置数字和字母样式。单击【新建】按钮，可以打开如图 4-31 所示的【新建文字样式】对话框。输入样式名后，单击【确定】按钮返回【文字样式】对话框，如图 4-32 所示，对新文字样式进行设置。

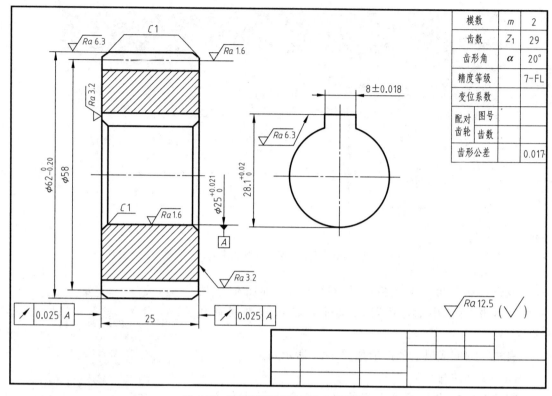

模数	m	2
齿数	Z_1	29
齿形角	α	20°
精度等级		7-FL
变位系数		
配对齿轮	图号	
	齿数	
齿形公差		0.017

图 4-27　完成表格绘制的圆柱齿轮零件图

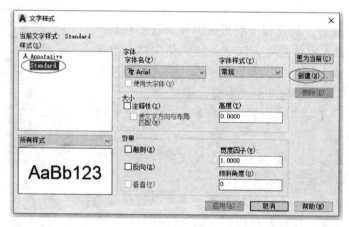

图 4-28　【文字样式】对话框

图 4-29　汉字【新建文字样式】对话框

单击"SHX字体"下方列表,可以更改字体,工程图样一般选择长gbenor.shx或者gbetic.shx。选择"大字体"选项时,单击"大字体"下方列表,选择大字体样式gbcbig.shx。在"高度"下方文本框内,采取默认值0。"效果"下方的颠倒、反向、垂直用来修改字体的特性。"宽度比例"文本框用来设置文字的宽度系数。"倾斜角度"文本框用来设置文字的倾斜角度。

② 文本标注:文字样式设置好后,单击【绘图】|【文字】|【多行文字】或者单击绘

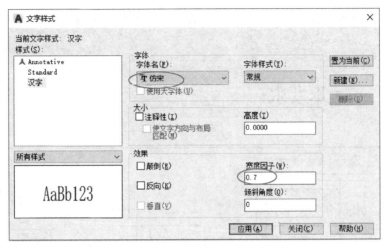

图 4-30 汉字 【文字样式】 对话框

图工具条中的 A 按钮，打开【文字编辑器】
对话框，如图 4-33 所示，书写文字。在 AU-
TOCAD 中既可以标注单行文字，也可以标注
多行文字，单行文字指每一行文字都是单独
的，可以进行单独编辑。多行文字标注是指
不论输入多少行文字，都作为一个整体进行

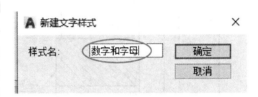

图 4-31 新建数字和字母文字样式对话框

编辑，常用于较大数量的文字输入，如工程图样中的技术要求等。

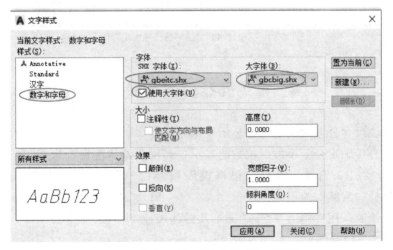

图 4-32 数字和字母 【文字样式】 对话框

如果要对所写的文字进行修改，只需要用鼠标双击文字，即可返回【文字格式】对话框，对所写的文字进行编辑。

技术要求注写完成以后的图形如图 4-34 所示。

（7）保存文件

完成零件图之后，单击【文件】|【另存】，保存所绘制零件图。

【模仿练习】 绘制如图 4-35 所示齿轮轴。

图 4-33　【文字编辑器】 对话框

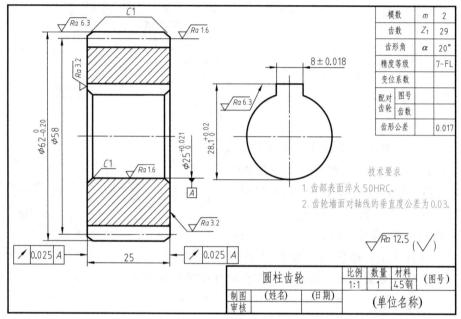

图 4-34　完成技术要求注写的圆柱齿轮零件图

4.4　常见问题解答及操作技巧

（1）在标注尺寸公差时，为什么显示 0 偏差？

公差精度直接确定公差小数点位数的显示。如果公差精度设置为 0，不论公差值设置了几位小数都显示 0 偏差。用户应根据极限偏差的具体数值设置精度，一般设置为 0.0000，并选择"后续"消零。

（2）如何绘制采用比例为 2∶1 的图形及标注尺寸？

① 按照 1∶1 绘制图形。

② 利用修改工具条中的"缩放"命令将图形放大 2 倍。

③ 标注样式管理器"主单位"选项卡中测量单位比例：比例因子设为"0.5"（图形缩放比例的倒数值）。出图时按 1∶1 打印。

4.5　综 合 训 练

绘制图 4-36～图 4-46 零件图。

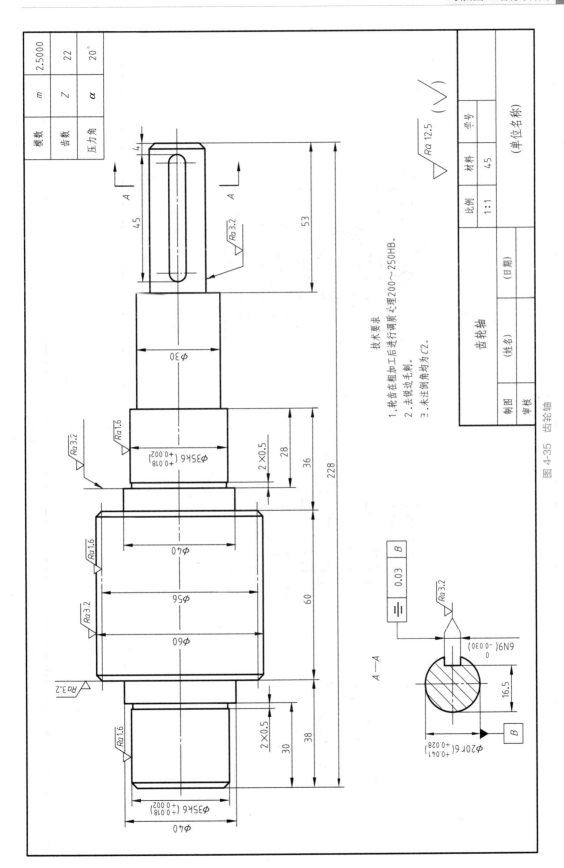

图 4-35 齿轮轴

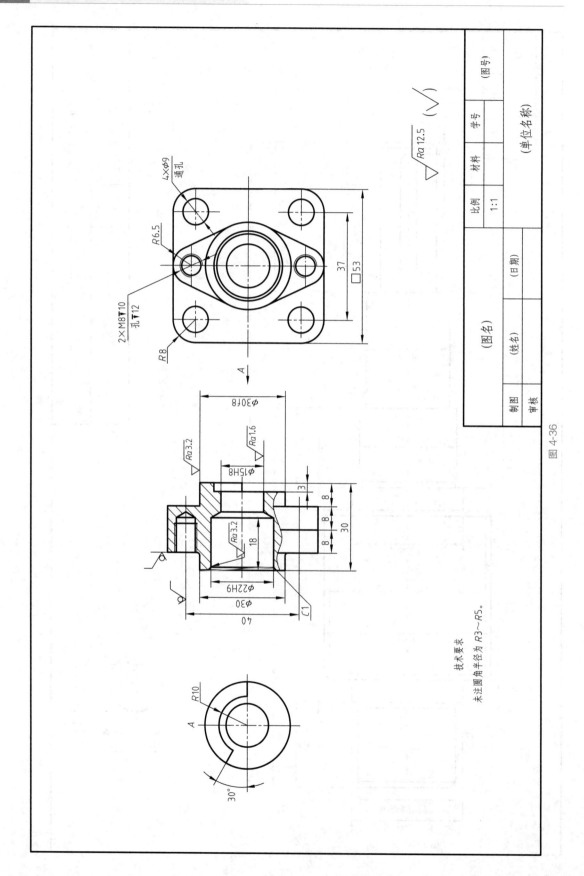

图 4-36

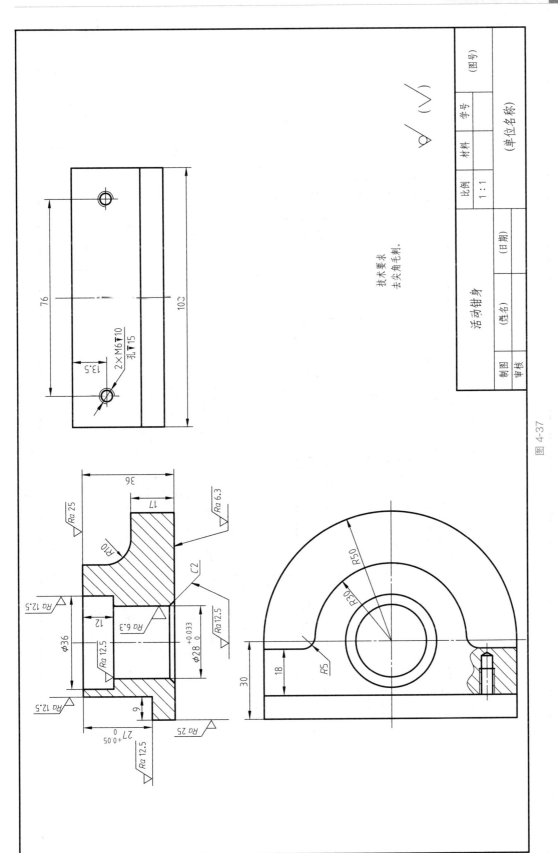

技术要求
去尖角毛刺。

活动钳身

图 4-37

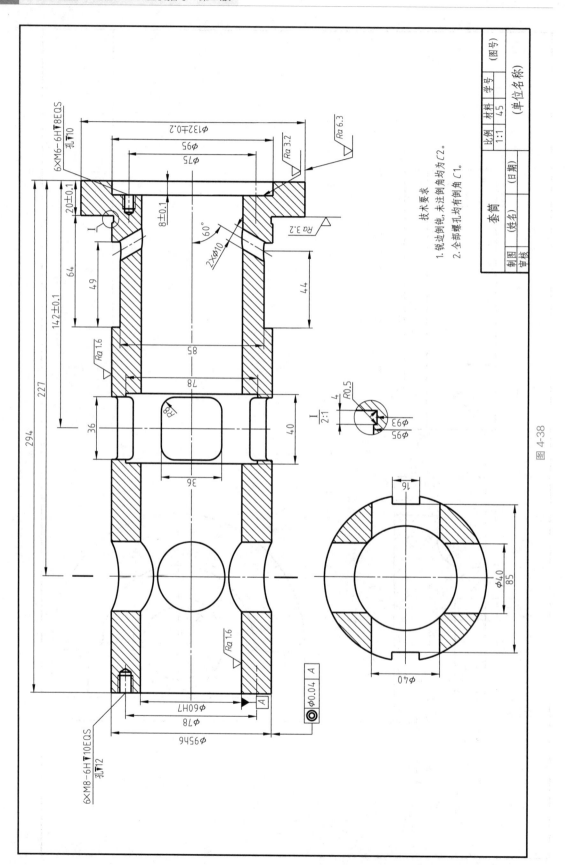

图 4-38

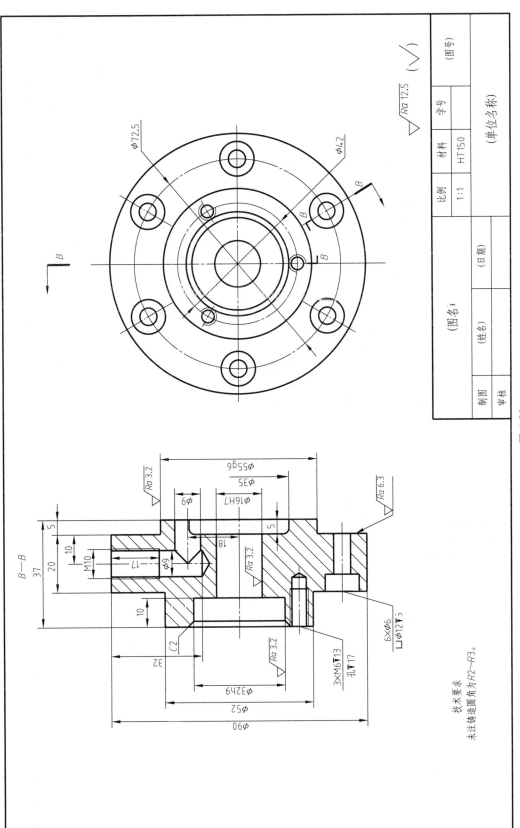

图 4-39

技术要求
未注铸造圆角为R2~R3。

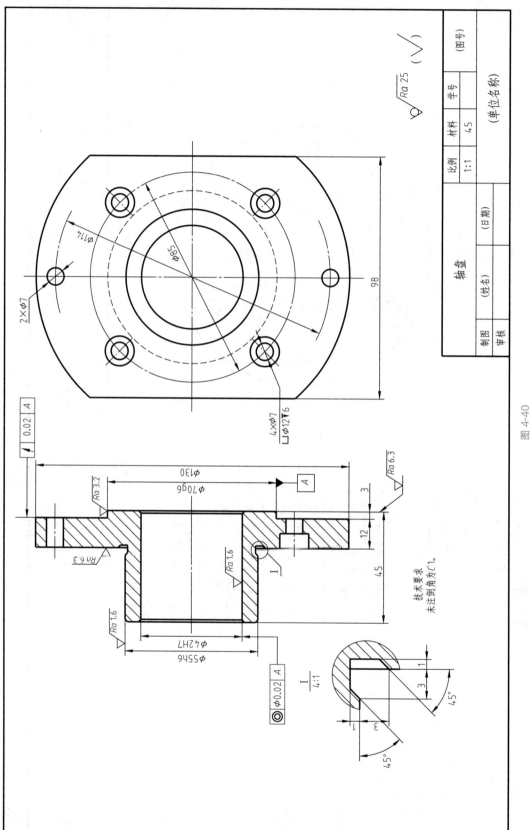

图 4-40

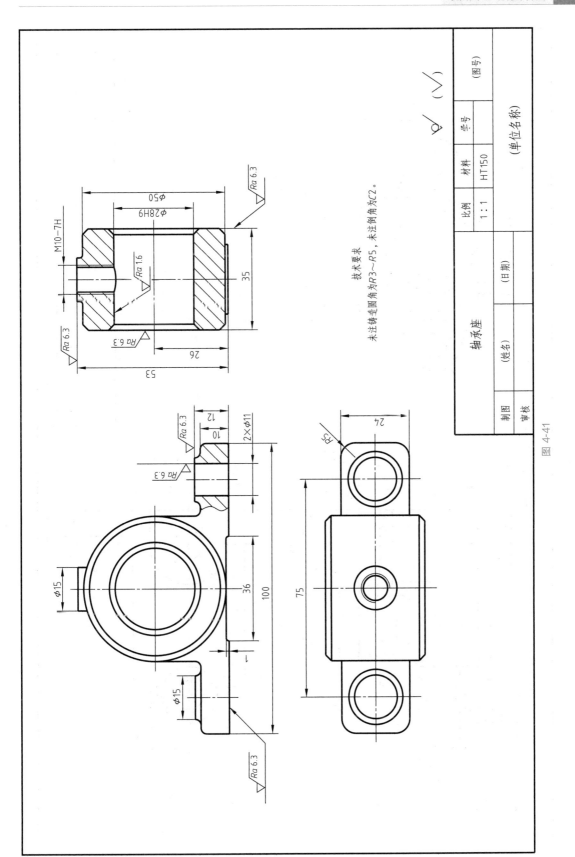

技术要求
未注铸造圆角为R3~R5，未注倒角为C2。

图4-41

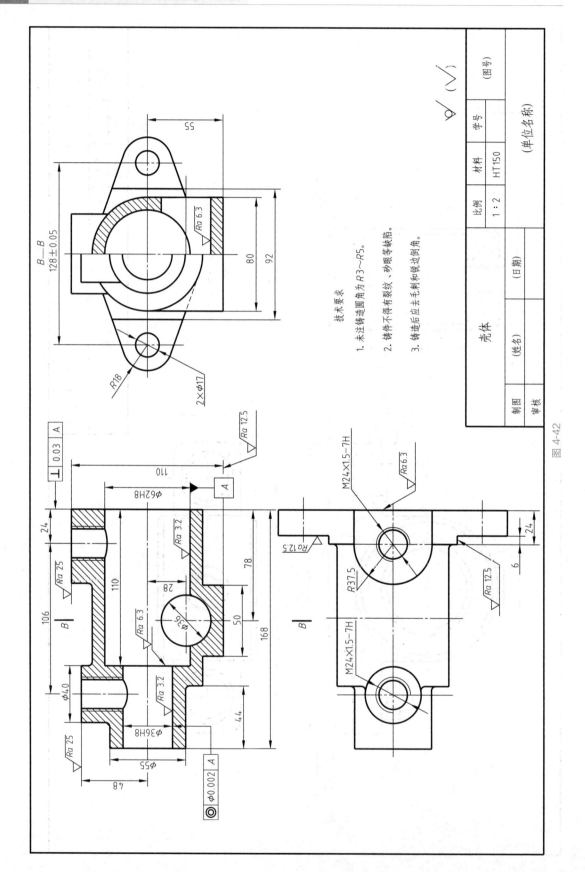

图 4-42

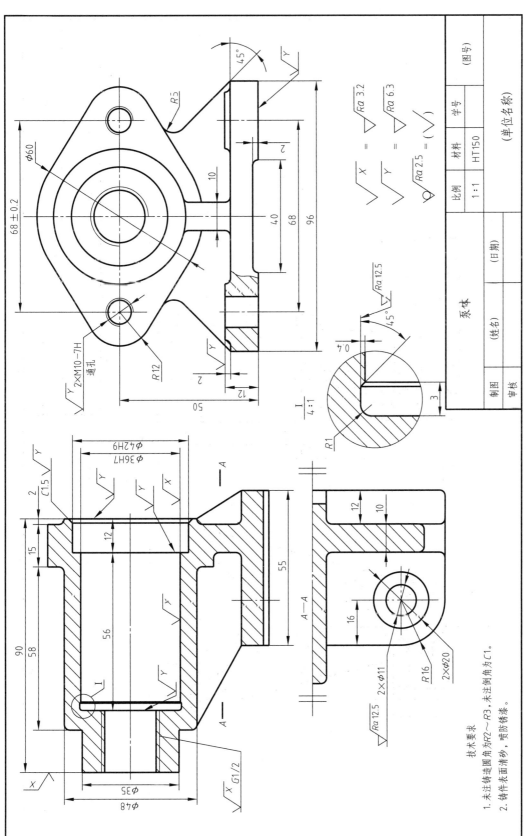

图 4-43

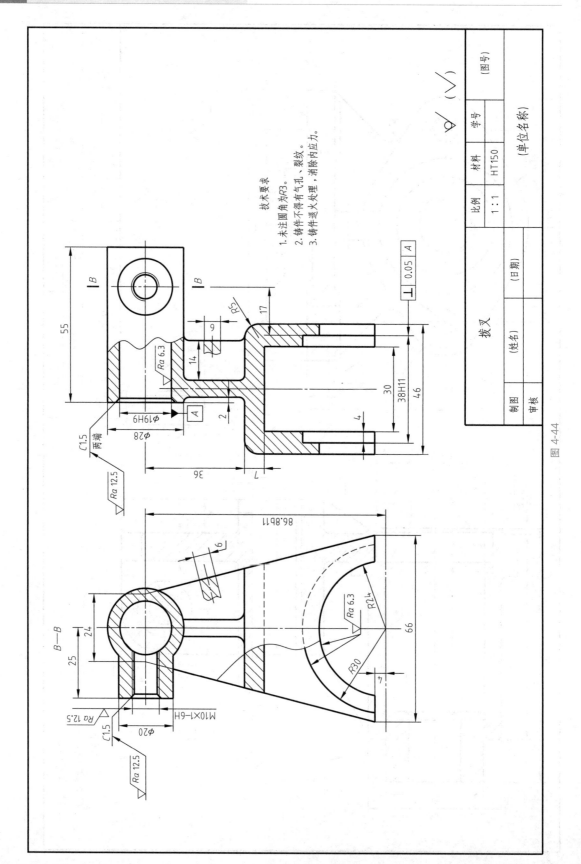

图 4-44

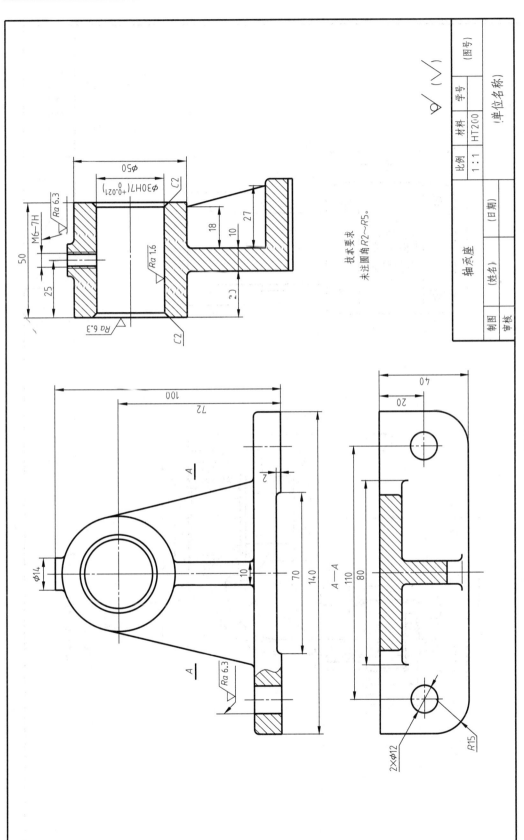

技术要求
未注圆角R2~R5。

轴承座

比例 1:1

材料 HT200

(单位名称)

图 4-45

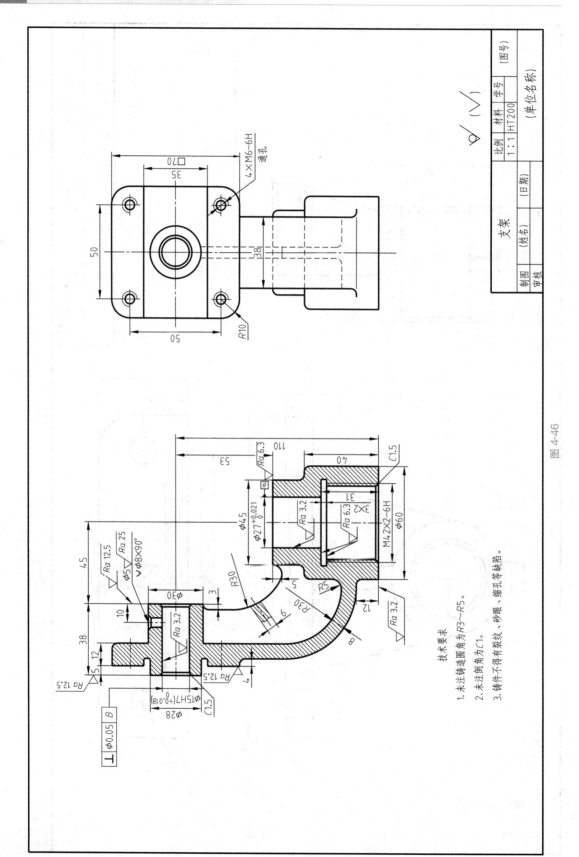

技术要求

1. 未注铸造圆角为R3~R5。

2. 未注倒角为C1。

3. 铸件不得有裂纹、砂眼、缩孔等缺陷。

图 4-46

项目五

绘制装配图

5.1 能力目标

① 熟练绘制装配图；

② 熟练标注零部件序号；

③ 熟练标注装配图尺寸；

④ 熟练绘制、填写明细表、标题栏。

5.2 知识点

① 块的创建与插入命令；

② 尺寸标注（快速引线标注序号）；

③ 工程文字的标注；

④ 表格命令；

⑤ 绘制装配图的方法和步骤。

5.3 上机操作指导

任务❶ 根据滑轮的装配示意图（图 5-1）和零件图（图 5-2），拼画其装配图，设置图纸幅面为 A3。

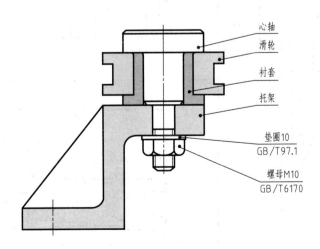

心轴

滑轮

衬套

托架

垫圈10
GB/T97.1

螺母M10
GB/T6170

图 5-1 滑轮装配示意图

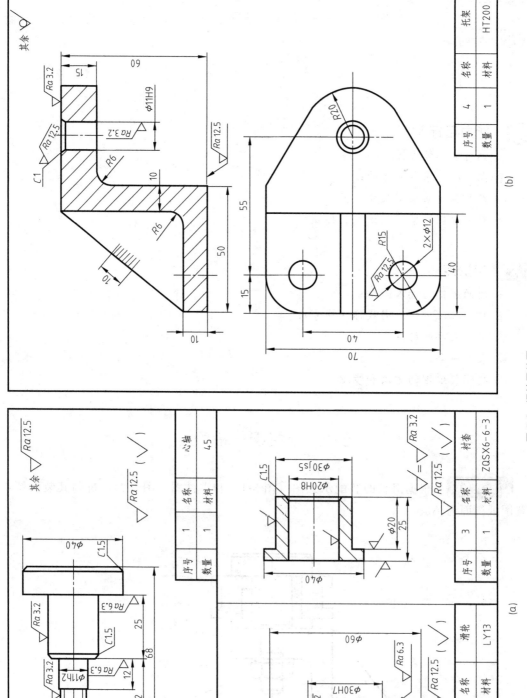

图 5-2　滑轮零件图

【操作指导1】

（1）设置图纸

第1步：设置图纸界限（420，297）。

第2步：设置图层。

第3步：绘制 A3 幅面（420，297）的图框，如图5-3所示。

（2）绘制零件图

① 绘制如图5-2所示托架零件图，如图5-4所示。

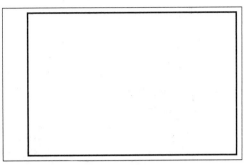

图5-3　绘制图框

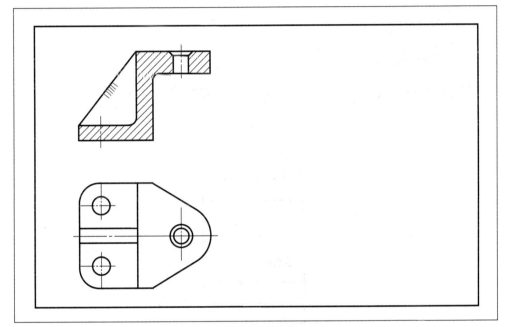

图5-4　绘制托架

② 绘制如图5-2所示其它零件图。

（3）创建零件图块

① 将图5-2中绘制的所有零件创建成块，以衬套为例讲述操作步骤。

第1步：单击【创建块】图标 ，弹出块定义对话框（图5-5）。

第2步：输入名称，衬套。

第3步：拾取基点，如图5-6所示蓝色点。

第4步：选择对象，在图中选择衬套零件图。

第5步：单击【确定】。

② 同上所述将其它零件创建成以零件名命名的块，创建块的基点参考图5-7。

（4）插入零件图块

① 插入衬套。

第1步：单击菜单【插入】|【块】，或者直接单击绘图工具栏图标按钮 ，选择名称：衬套，如图5-8所示。

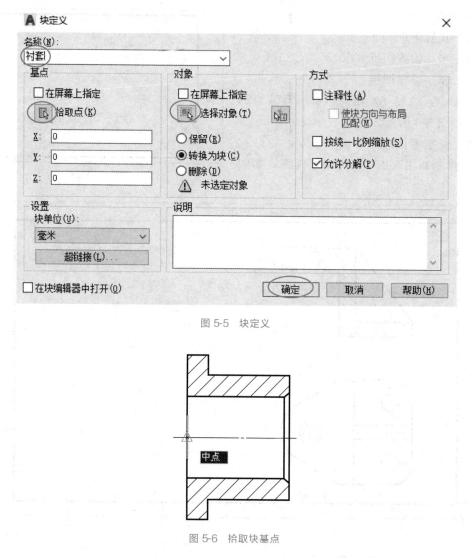

图 5-5 块定义

图 5-6 拾取块基点

(a) 滑轮基点   (c) 垫圈基点   (d) 螺母基点

(b) 心轴基点

图 5-7 拾取其它块基点

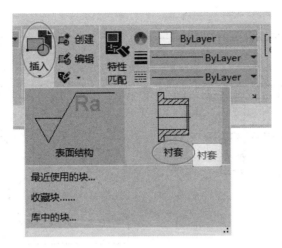

图 5-8　插入块

第 2 步：在命令行输入"R"，回车，输入"90"，回车。在屏幕上拾取插入点，如图 5-9 所示，插入结果如图 5-10 所示。

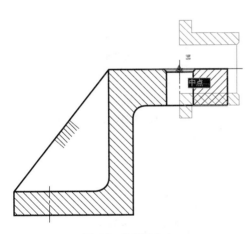

图 5-9　拾取插入点

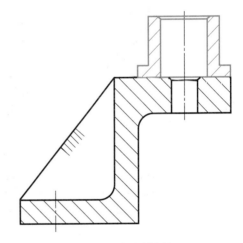

图 5-10　插入衬套块

② 依次插入滑轮、心轴、垫圈、螺母零件块，结果如图 5-11 所示。

（5）编辑图形

运用分解、删除、修剪等命令将图 5-11 编辑成如图 5-12 所示。

（6）标注尺寸

① 设置标注样式。

第 1 步：单击【样式】|【标注样式】，弹出【标注样式管理器】，如图 5-13 所示。单击【修改】，弹出【修改标注样式】对话框，如图 5-14 所示。

a. "直线"选项卡修改设置内容如图 5-14 所示。

◆ 基线间距：8

◆ 超出尺寸线：2

◆ 起点偏移量：0

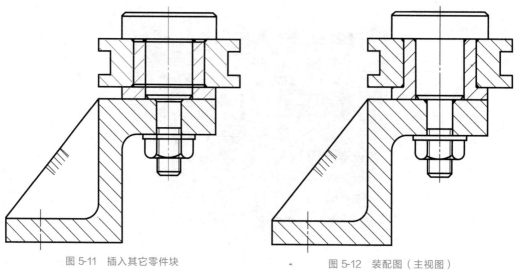

图 5-11　插入其它零件块　　　　　　　　　图 5-12　装配图（主视图）

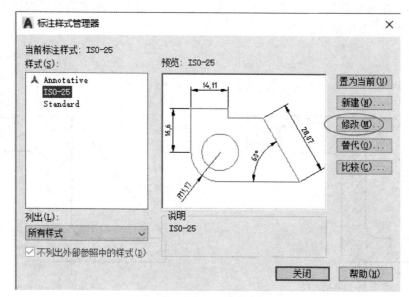

图 5-13　标注样式管理器

b. "符号和箭头"选项卡修改设置内容如图 5-15 所示。

◆ 第一项：实心闭合

◆ 箭头大小：3

c. "文字"选项卡修改设置内容如图 5-16 所示。

◆ 文字样式：Standard

◆ 文字高度：3.5

◆ 从尺寸线偏移：1.5

d. "调整"选项卡修改设置内容如图 5-17 所示。

◆ 调整选项：文字或箭头（最佳效果）

◆ 文字位置：尺寸线旁边

◆ 标注特征比例：使用全局比例（1）

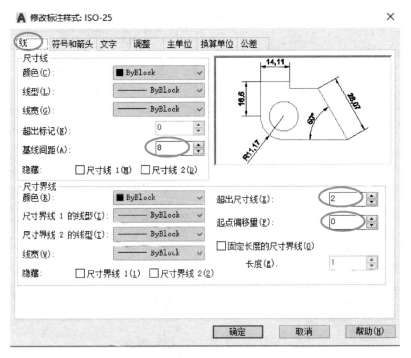

图 5-14　修改标注样式（线选项卡）

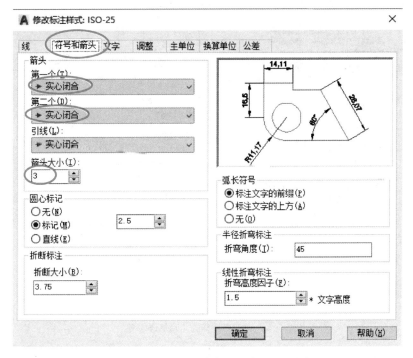

图 5-15　修改标注样式（符号和箭头选项卡）

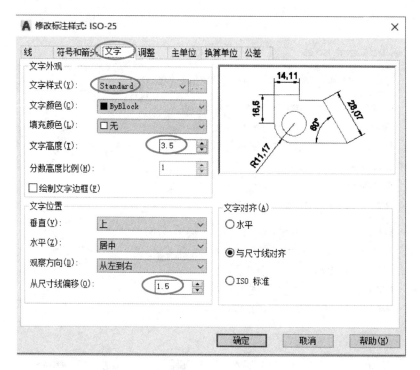

图 5-16 修改标注样式（文字选项卡）

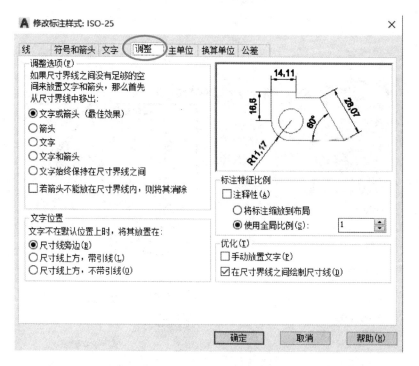

图 5-17 修改标注样式（调整选项卡）

◆ 优化：在尺寸界线之间绘制尺寸线（D）

e. "主单位"选项卡修改设置内容如图 5-18 所示。

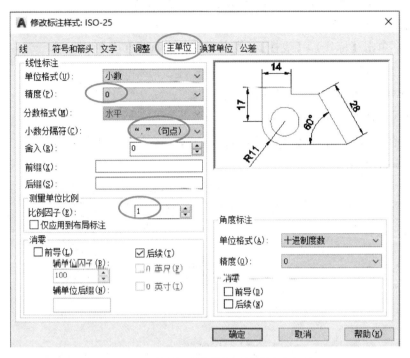

图 5-18　修改标注样式（主单位选项卡）

◆ 精度：0

◆ 小数点分隔符："."句点

◆ 比例因子：1

② 标注尺寸。

第 1 步：单击【标注】|【线性】，或者直接单击标注工具栏图标按钮 ⊢┤，标注"40"、"96"、"35"。

第 2 步：单击【标注】|【基线】，或者直接单击标注工具栏图标按钮 ⊨，标注"86"。

第 3 步：单击【标注】|【线性】，或者直接单击标注工具栏图标按钮 ⊢┤，标注 "$10\dfrac{H8}{h7}$"。

◆ 在屏幕上拾取指定尺寸界线原点后，输入"m"（多行文字）

◆ 将光标移至 10 后，输入"H8/h7"，如图 5-19 所示

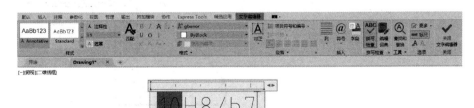

图 5-19　文字编辑器

◆ 选择"H8/h7"单击"堆叠"按钮，单击【确定】

标注如图 5-20 所示。

第 4 步：单击【标注】|【线性】，或者直接单击标注工具栏图标按

钮 ，标注"$\phi 50$"。

◆ 在屏幕上拾取指定尺寸界线原点后，输入"m"（多行文字），

弹出文字格式对话框，如图 5-21 所示。

◆ 单击符号按钮 @ ，选取直径，如图 5-22 所示。单击确定，标

注结果如图 5-23 所示。

图 5-20　标注 $10\dfrac{H8}{h7}$

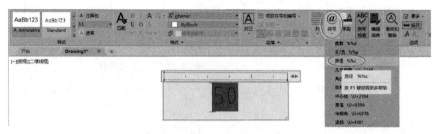

图 5-21　标注线性直径（选择符号）

图 5-22　标注线性直径（标注"ϕ"）

第 5 步：综合步骤 3、4 标注 "$\phi 30\dfrac{H7}{js6}$"、"$\phi 20\dfrac{H8}{f7}$"、"$\phi 11\dfrac{H9}{h9}$"，标注结果如图 5-24 所示。

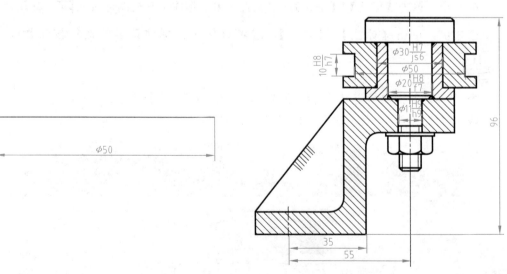

图 5-23　标注线性直径（标注"$\phi 50$"）

图 5-24　滑轮装配图尺寸标注

（7）标注零部件序号

① 新建序号标注样式。

第1步：单击【样式】|【标注样式】，弹出【标注样式管理器】，如图 5-25 所示。

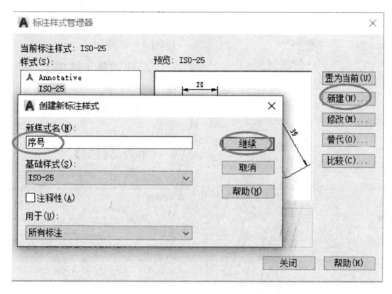

图 5-25　标注样式管理器

第2步：单击【新建】，新样式名：序号，单击【继续】，弹出【新建标注样式：序号】对话框，如图 5-26 所示。

第3步：单击【文字】选项卡，设置文字高度：5，如图 5-26 所示，单击【确定】。

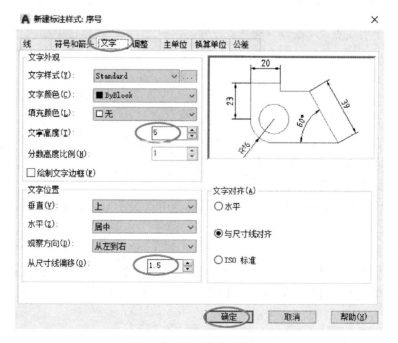

图 5-26　设置序号文字选项卡

图 5-27 引线设置

② 标注零部件序号。

第 1 步：命令行输入"LE"，执行"创建引线和注释"（QLEADER）命令，回车。弹出【引线设置】对话框，如图 5-27 所示。

注释选项卡中注释类型：多行文字，如图 5-27 所示。

引线和箭头选项卡中箭头：小点，如图 5-28 所示。

附着选项卡中：最后一行加下划线，如图 5-29 所示。

单击【确定】。

图 5-28 设置箭头

图 5-29 设置附着选项卡

指定第一个引线点或 [设置（S）] <设置>：　　　（在心轴零件轮廓内拾取点）

指定下一点：　　　　　　　　　　　　　　　（在屏幕上适当位置拾取点）

指定下一点：　0.1　　　　　　　　　　　　（在屏幕上捕捉到 0 极轴，输入 0.1）见图 5-30（a）

输入注释文字的第一行 <多行文字（M）>：1　（输入 1）

输入注释文字的下一行：　　　　　　　　　（回车）结果见图 5-30（b）

第 2 步：同样方法标注序号 2～6，如图 5-31 所示。

（8）绘制、注写标题栏

① 绘制标题栏。选择粗实线、细实线图层，用直线、偏移、复制、修剪等命令完成如图 5-32 所示简易标题栏。

② 注写文字。

第 1 步：单击菜单【样式】|【文字样式】，新建"工程字"样式，步骤参考项目四。

第 2 步：单击菜单【绘图】|【文字】|【多行文字】，或者直接单击绘图工具栏图标按钮 A 。

命令：_mtext 当前文字样式："工程字" 当前文字高度：2.5

指定第一角点：　　　　　　　　　　（单击标题栏左上角点，如图 5-33（a）所示）

指定对角点或［高度（H）/对正（J）/行距（L）/旋转（R）/样式（S）/宽度（W）］：

（单击标题栏中矩形右下角点，如图 5-33（b）所示，弹出文字格式对话框）

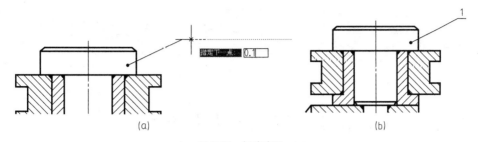

图 5-30　标注序号

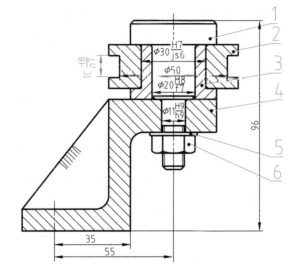

图 5-31　标注零部件序号

图 5-32　绘制标题栏

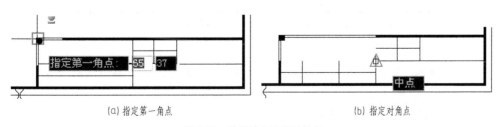

(a) 指定第一角点　　　　　　　　　　(b) 指定对角点

图 5-33　拾取输入文字对角点

第 3 步：在【文字格式】对话框中选择工程字（长仿宋体、7 号字），单击"对正"中的"正中MC"，如图5-34所示，输入"滑轮"，单击【关闭】或绘图区。注写结果如图5-35所示。

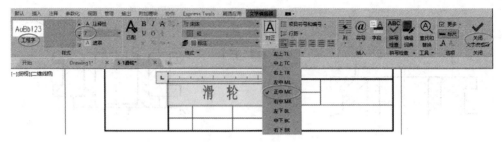

图 5-34　文字格式

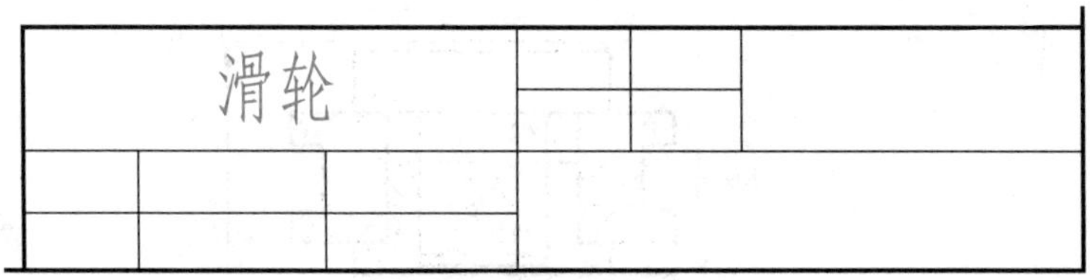

图 5-35　注写"滑轮"

第4步：同第3步方法输入单位名称，如"××学院"，结果如图5-36所示。

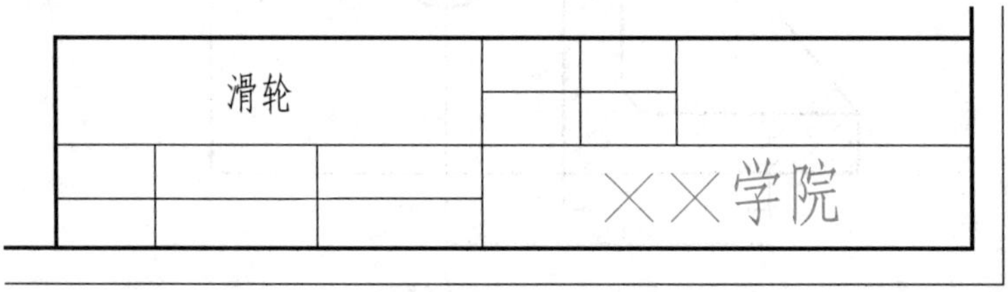

图 5-36　注写"单位名称"

第5步：注写"制图"，文字高度设置为"5"，其它同"滑轮"设置。结果如图5-37所示。

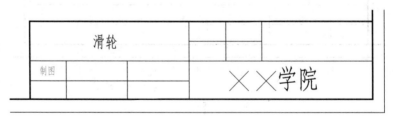

图 5-37　注写"制图"

第6步：复制"制图"至有文字位置，然后双击复制文字，编辑成新文字内容，如"考号"，如图5-38所示。

第7步：编辑其它文字，结果如图5-39所示。

（9）绘制注写明细表

方法一：创建表格完成。

方法步骤参考项目四【上机操作指导】。

滑轮		制图	制图	
		制图		
制图			✕✕学院	
考号				

图 5-38　注写"考号"

滑轮		比例	1:1	
		重量		
制图	(姓名)		✕✕学院	
考号				

图 5-39　标题栏

方法二：创建带属性的块，用插入块完成。

第 1 步：绘制如图 5-40 所示表格。

图 5-40　绘制表格

第 2 步：单击菜单【绘图】|【块】|【定义属性】，弹出定义属性对话框，如图 5-41 所示。设置属性：标记（序号）、提示（输入序号）、值（1）；插入点（在屏幕上指定）。文字选项：对正（中间）、文字样式（工程字）、高度（5）、旋转（0）。单击【确定】，选择属性插入点，在屏幕上拾取中间点，如图 5-42 所示。序号属性定义结果如图 5-43 所示。

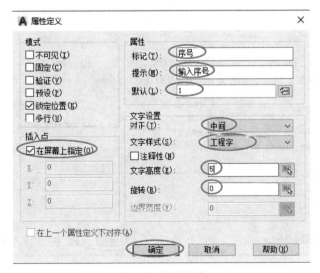

图 5-41　定义属性

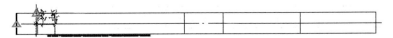

图 5-42　定义属性（拾取插入点）

序号				

图 5-43 序号属性

第 3 步：定义"名称、数量、材料、备注"属性，结果如图 5-44 所示。

序号	名称	数量	材料	备注

图 5-44 明细表属性

第 4 步：复制图 5-44 至标题栏上方，结果如图 5-45 所示。

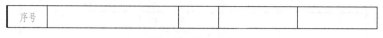

序号	名称		数量	材料	备注
滑轮			比例	1:1	
			重量		
制图	(姓名)		××学院		
考号					

图 5-45 复制序号属性至标题栏上方

第 5 步：单击菜单【绘图】|【块】|【创建块】，或者直接单击绘图工具栏图标按钮 ，弹出【块定义】对话框，如图 5-46 所示；单击拾取点图标按钮 ，在屏幕上拾取点，如图 5-47 所示；单击选择对象图标按钮 ，在屏幕上选择对象，如图 5-48 所示；单击【确定】弹出【编辑属性】对话框，如图 5-49 所示；单击【确定】，创建如图 5-50 所示明细栏图块。

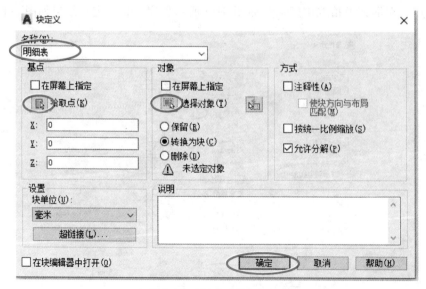

图 5-46 创建块（块定义）

序号	名称	数量	材料	备注

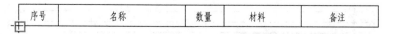

图 5-47 创建块（拾取基点）

序号	名称	数量	材料	备注

图 5-48 创建块（拾取对象）

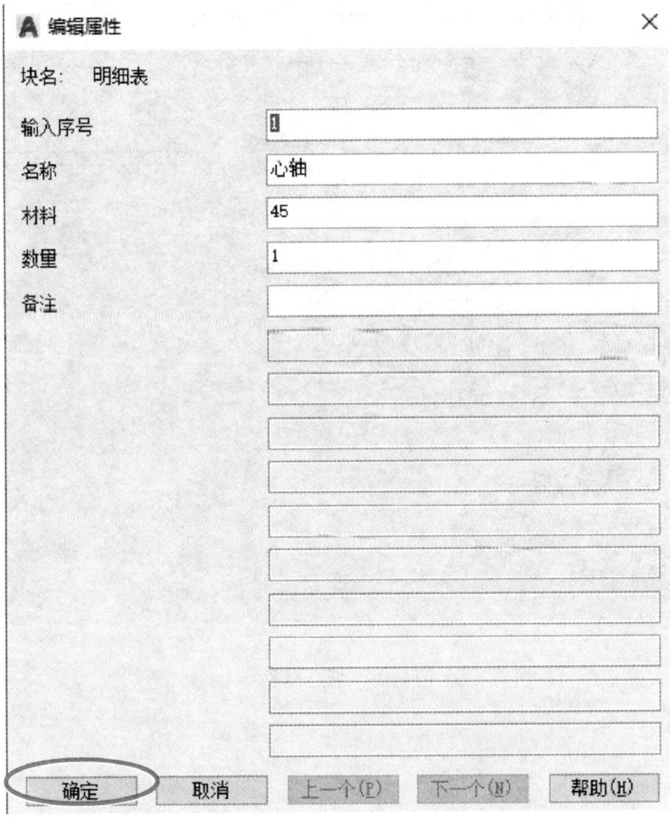

A 编辑属性 ✕

块名： 明细表

输入序号   1

名称   心轴

材料   45

数量   1

备注

确定   取消   上一个(P)   下一个(N)   帮助(H)

图 5-49 创建块（编辑属性）

1	心轴	1	45	

图 5-50 创建块

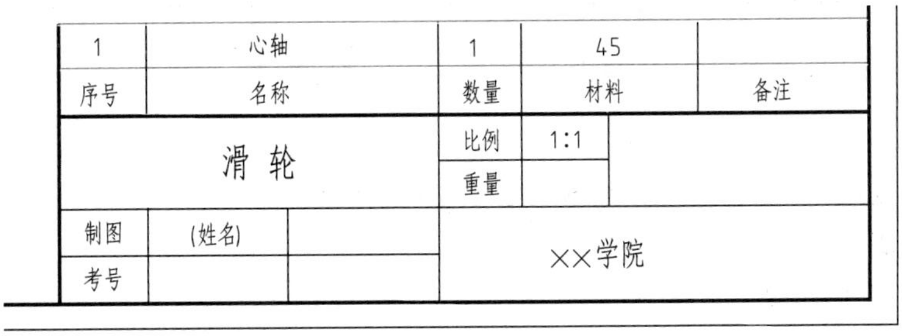

1	心轴	1	45	
序号	名称	数量	材料	备注

滑 轮		比例	1:1	
		重量		
制图	(姓名)		××学院	
考号				

图 5-51 复制块

第 6 步：复制图 5-50 至图 5-51 位置。

第 7 步：单击菜单【插入】|【块】，或者直接单击绘图工具栏图标按钮，弹出【插入块】对话框，如图 5-52 所示；在屏幕上拾取插入点，如图 5-53 所示。

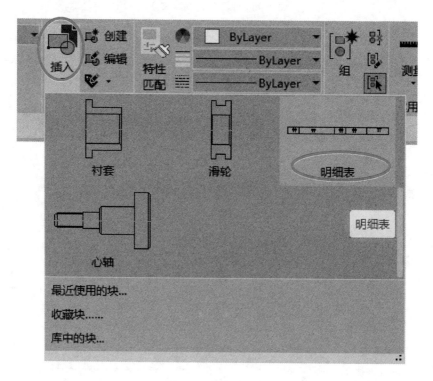

图 5-52　插入对话框

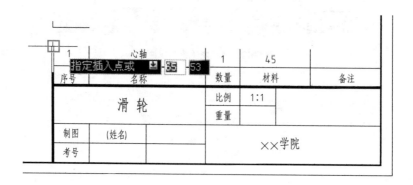

图 5-53　在屏幕上拾取插入点

命令：_insert

指定插入点或［基点（B）/比例（S）/X/Y/Z/旋转（R）］：　　　（在屏幕上拾取插入点）

输入属性值

输入序号＜1＞：2　　　　　　　　　　　　　　　　　　　　　（输入 2）

名称＜心轴＞：滑轮　　　　　　　　　　　　　　　　　　　　　（输入滑轮）

材料＜45＞：LY13   （输入 LY13）

数量＜1＞：1   （回车）

备注：   （回车）

结果如图 5-54 所示。

2	滑轮	1	LY13	
1	心轴	1	45	
序号	名称	数量	材料	备注
滑轮		比例	1:1	
		重量		
制图	（姓名）		××学院	
考号				

图 5-54 插入块

同样方法插入其它序号，结果如图 5-55 所示。

6	螺母	1	45	GB/T 6170
5	垫圈	1	45	GB/T 97.1
4	托架	1	BT200	
3	衬套	1	ZQSX6-6-3	
2	滑轮	1	LY13	
1	心轴	1	45	
序号	名称	数量	材料	备注
滑轮		比例	1:1	
		重量		
制图	（姓名）		××学院	
考号				

图 5-55 明细表

方法三：复制、编辑完成。

第 1 步：绘制、注写序号 1 零件所有内容，如图 5-56 所示。

1	心轴	1	45	

图 5-56 绘制注写序号 1

第 2 步：复制序号 1 零件所有内容，复制 5 个，如图 5-57 所示。

第 3 步：编辑复制内容，如双击第二行 "1"，弹出【文字编辑器】对话框，将 "1"

改为"2"，如图 5-58 所示。其它修改方法相同，编辑结果如图 5-59 所示。

1	心轴	1	45	
1	心轴	1	45	
1	心轴	1	45	
1	心轴	1	45	
1	心轴	1	45	
1	心轴	1	45	

图 5-57 复制

图 5-58 编辑文字

6	螺母	1	45	GB/T 6170
5	垫圈	1	45	GB/T 97.1
4	托架	1	HT200	
3	衬套	1	ZQSX6-6-3	
2	滑轮	1	I Y13	
1	心轴	1	45	
序号	名称	数量	材料	备注

滑 轮		比例	1:1	
		重量		
制图	(姓名)		××学院	
考号				

图 5-59 标题栏

（10）编写技术要求

用多行文字注写技术要求，长仿宋体、5 号字。

（11）检查修改

如图 5-60 所示，保存文件。

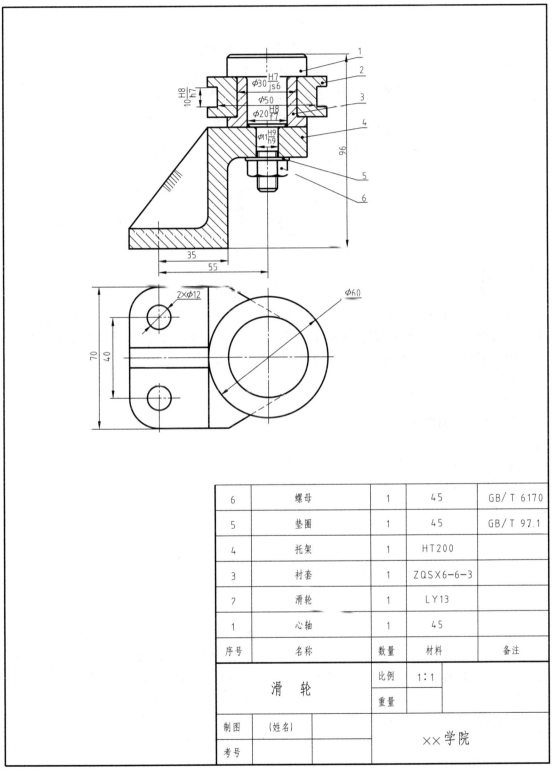

6	螺母	1	45	GB/T 6170
5	垫圈	1	45	GB/T 97.1
4	托架	1	HT200	
3	衬套	1	ZQSX6-6-3	
2	滑轮	1	LY13	
1	心轴	1	45	
序号	名称	数量	材料	备注

滑 轮	比例	1:1	
	重量		
制图	(姓名)	××学院	
考号			

图 5-60 滑轮装配图

任务❷ 根据推杆阀装配示意图 5-61 和零件图 5-62，绘制其装配图。

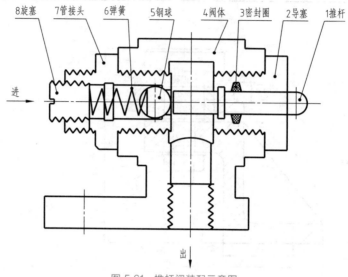

图 5-61　推杆阀装配示意图

　　推杆阀的工作原理：推杆阀在管路系统中，用以控制管路的"通"与"不通"。当推杆在外力的作用下，向左移动推动钢球，钢球压缩弹簧，阀门被打开，管路畅通；当去掉外力时，钢球在弹簧的作用下，将阀门关闭，管路不通，钢球直径 $\phi14$，材料 45。

　　【操作指导 2】

　　（1）建立样板文件

　　第 1 步：设置绘图环境

　　① 创建新图形文件。

　　② 设置绘图单位（使用默认的绘图单位）。

　　③ 设置图形界限（210，297）。

　　④ 使绘图界限充满显示区。

　　第 2 步：设置图层。

　　第 3 步：设置文字样式。

　　第 4 步：设置尺寸样式。

　　第 5 步：绘制图框。

　　第 6 步：绘制标题栏。

　　第 7 步：创建常用符号图块（如标题栏、表面结构、形位公差基准符号等）。

　　第 8 步：保存样板文件。单击下拉菜单【文件】|【另存为】，弹出如图 5-63 所示的【图形另存为】对话框。在"文件类型"下拉列表框中选择"AutoCAD 图形样板（*.dwt）"，输入文件名为"A4 样板"，单击【保存】按钮，弹出【样板说明】对话框，输入相关说明，单击【确定】，如图 5-64 所示。

　　用同样的方法建立 A3、A2、A1、A0 不同幅面，不同图框格式的样本文件。

　　（2）调用样板文件

　　单击下拉菜单【文件】|【新建】，弹出【选择样板】对话框（图 5-65）。在"文件类型"下拉列表框中选择"图形样板（*.dwt）"，选择"A4 样板"，单击【打开】按钮，如图 5-64 所示。

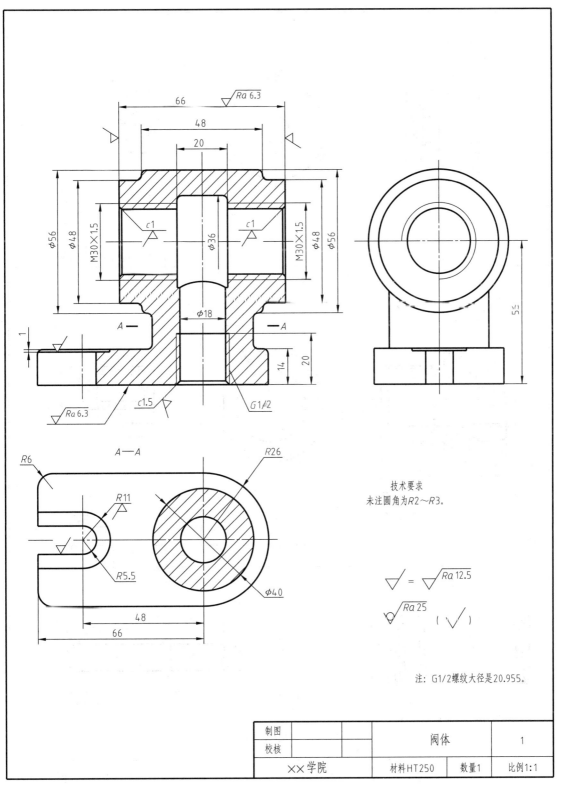

技术要求
未注圆角为R2~R3。

注：G1/2螺纹大径是20.955。

制图			阀体	1
校核				
××学院		材料HT250	数量1	比例1:1

(a)

图 5-62

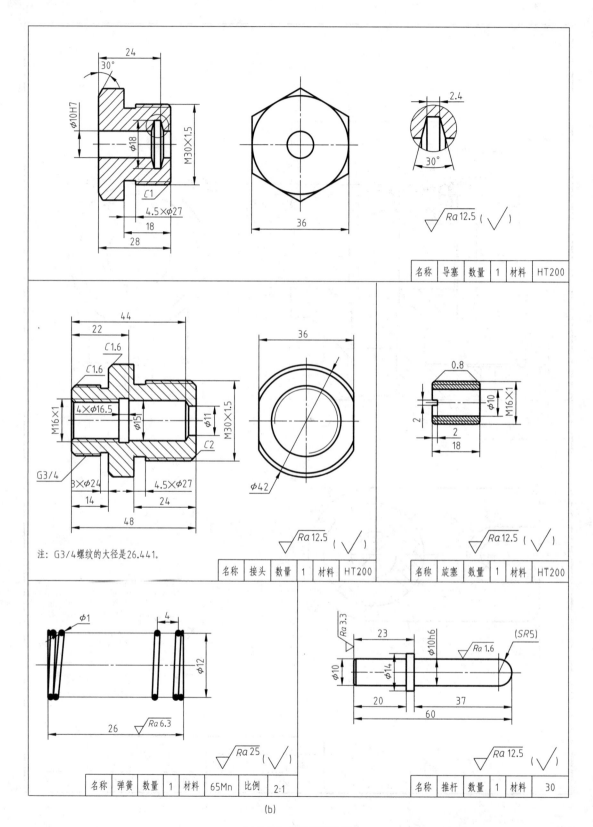

(b)

图 5-62 推杆阀零件图

图 5-63 【图形另存为】 对话框

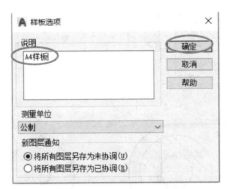

图 5-64 【样板说明】 对话框

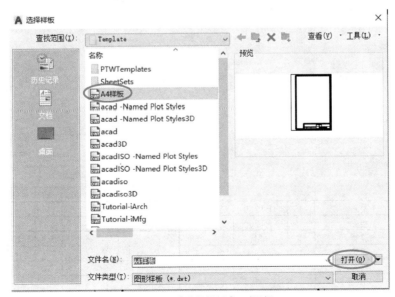

图 5-65 【选择样板】 对话框

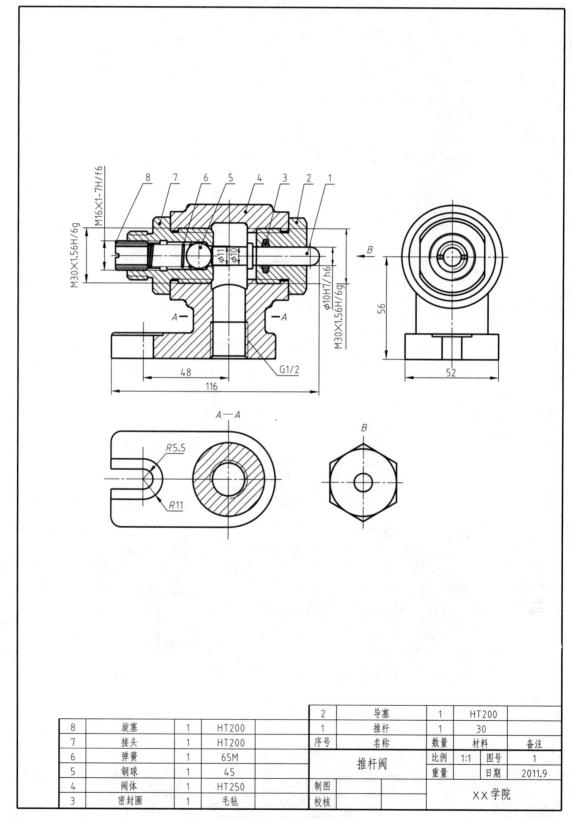

图 5-66　推杆阀装配图

（3）绘制零件图

打开样板文件，绘制所有零件图。

（4）从设计中心调用零件图

打开阀体零件图之后，从设计中心拖入其它零件。

（5）编辑图形

将块分解之后，编辑图形。

（6）标注尺寸

标注必要的尺寸。

（7）标注零部件序号、绘制标题栏、明细表并注写内容

结果如图 5-66 所示。

（8）检查，保存文件

【模仿练习】　读懂弹性辅助支承工作原理，根据装配示意图（图 5-67）和零件图（图 5-68），绘制其装配图。

弹性辅助支承的支承柱由于弹簧的作用上下浮动。支承帽上有加工件时，通过支承柱压缩弹簧，使支承帽与工件接触。加工结束后，卸下工件，支承柱在弹簧的作用下向上移动，使支承帽向上回位，起到辅助支承的作用。调节螺钉可调节弹簧力的大小。

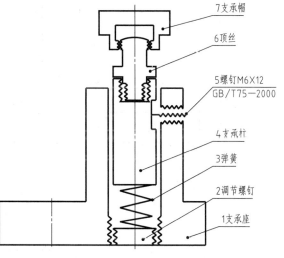

图 5-67　弹性辅助支承装配示意图

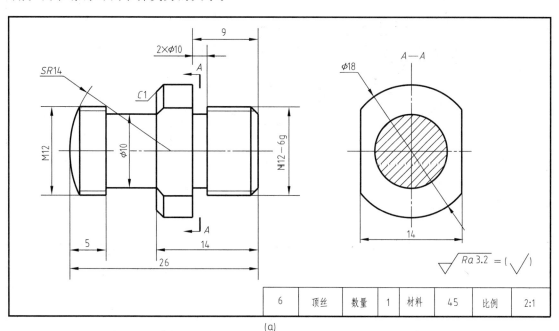

6	顶丝	数量	1	材料	45	比例	2:1

（a）

图 5-68　弹性辅助支承零件图（a）

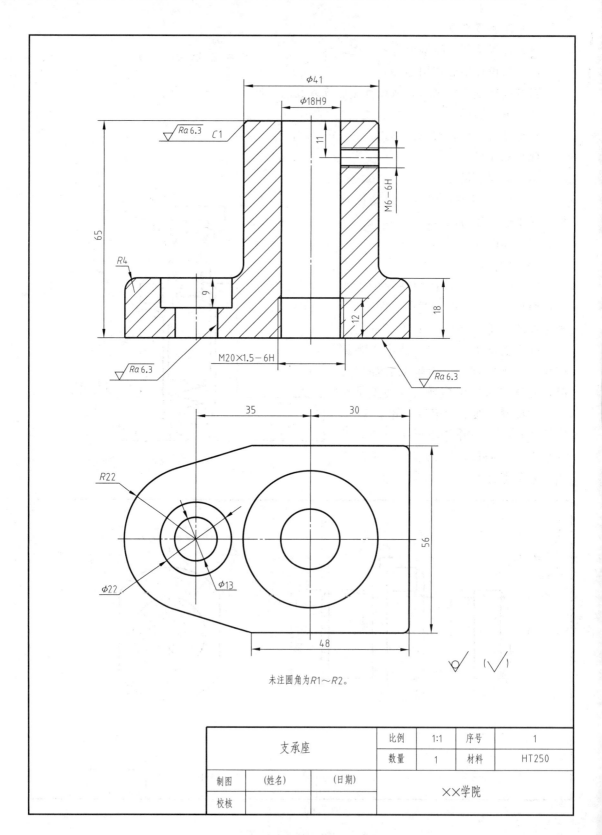

图 5-68　弹性辅助支承零件图（b）

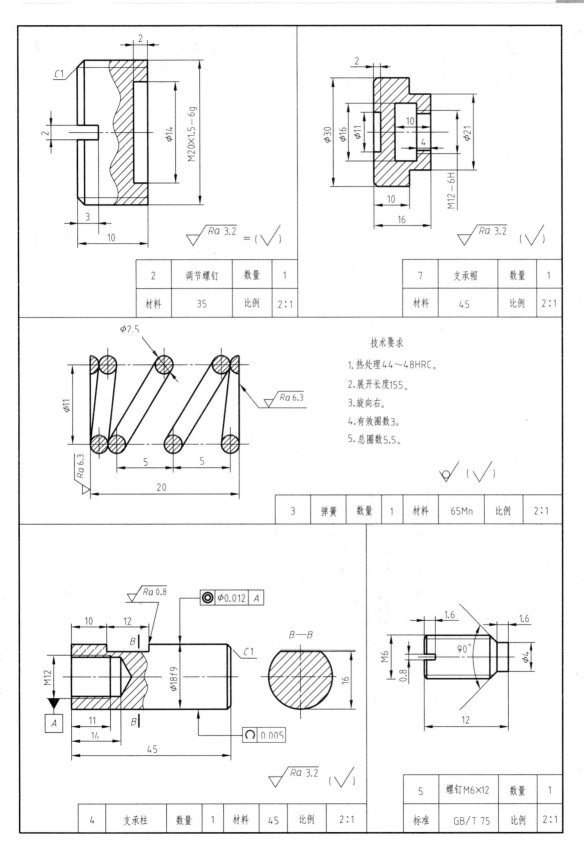

图 5-68 弹性辅助支承零件图（c）

5.4 常见问题解答及操作技巧

快速绘制螺纹连接件的方法是什么?

利用"设计中心"调用。单击"设计中心"窗口的"主页"图标按钮,显示 Auto-CAD 默认的 DesignCenter 主页文件夹,选择文件夹中的图形文件,可以将所需图块直接拖入当前文件中,再分解修改至用户所需的螺纹连接件尺寸。

5.5 综合训练

(1) 根据行程开关的装配示意图和零件图绘制其装配图。

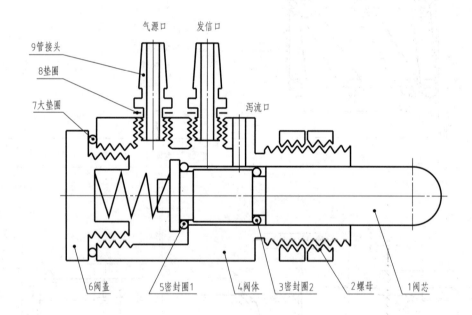

工 作 原 理

行程开关是管路气动控制系统中的位置检测元件。阀芯在外力作用下,克服弹簧阻力左移,打开气源口和发信口的通道,封闭泄流口,输出信号;外力消失,阀芯复位,关闭气源口和发信口的通道。

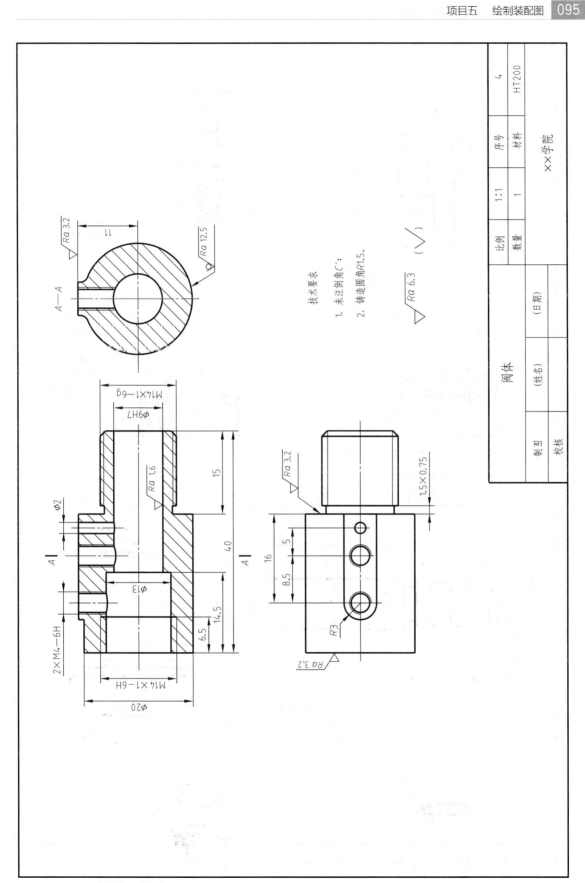

技术要求

1. 未注倒角C：
2. 铸造圆角R1.5。

阀体

××学院

序号		4
材料		HT200
比例	1:1	
数量	1	

| 制图 | (姓名) | (日期) |
| 校核 | | |

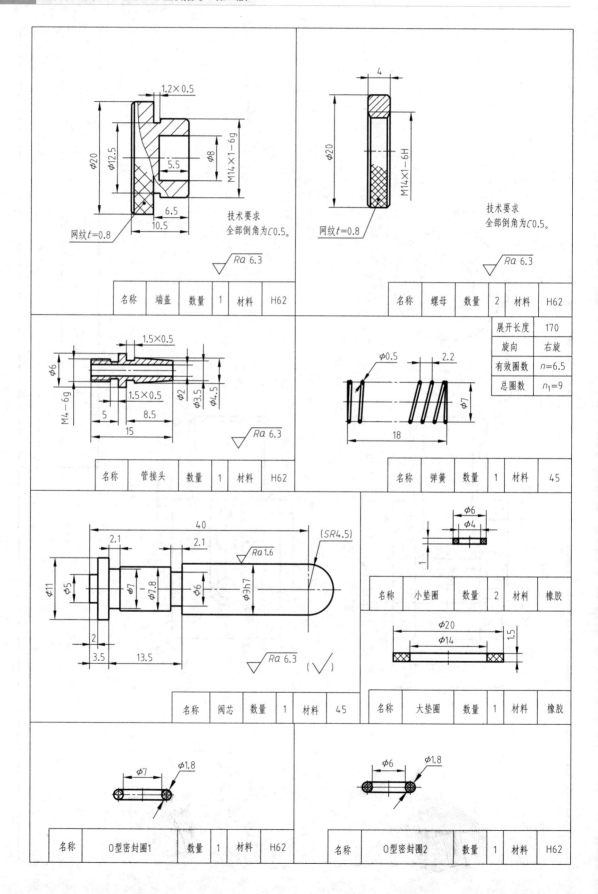

（2）根据虎钳的装配示意图和零件图，采用适当的比例和图幅拼画其装配图。

工作原理和示意图

虎钳安装在工作台上，用来夹紧被加工的零件。

装在钳座8内的螺杆11右端有轴肩，左端用销固定，只能绕轴线转动，不能作轴向移动。活动钳块4和方块螺母5用螺钉6连接，方块螺母以其下方凸台与钳座接触，限制方块螺母转动，当螺杆转动时，通过 Tr18×4 梯形螺纹传动，使活动钳块4移动，将零件夹紧、放松。

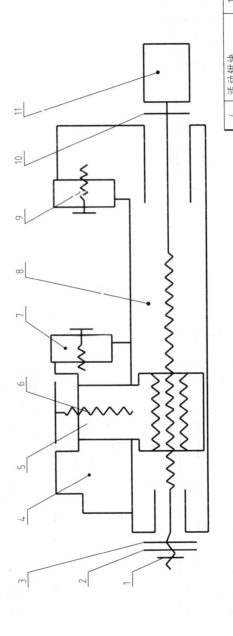

11	螺杆	1	45	
10	垫圈	1	Q275	GB/T 97.1
9	螺钉 M8×16	4	45	GB/T 68
8	钳座	1	HT200	
7	护口板	2	45	
6	螺钉	1	Q235-A	
5	方块螺母	1	Q275	
序号	名称	数量	材料	备注

4	活动钳块	1	HT200	
3	垫圈10	1	45	GB/T 97.1
2	螺母M10	1	45	GB/T 6170
1	销3×16	1	35	GB/T 119
序号	名称	数量	材料	备注

虎钳		比例	1:2	
		材质		
设计		数量		
审核		重量		

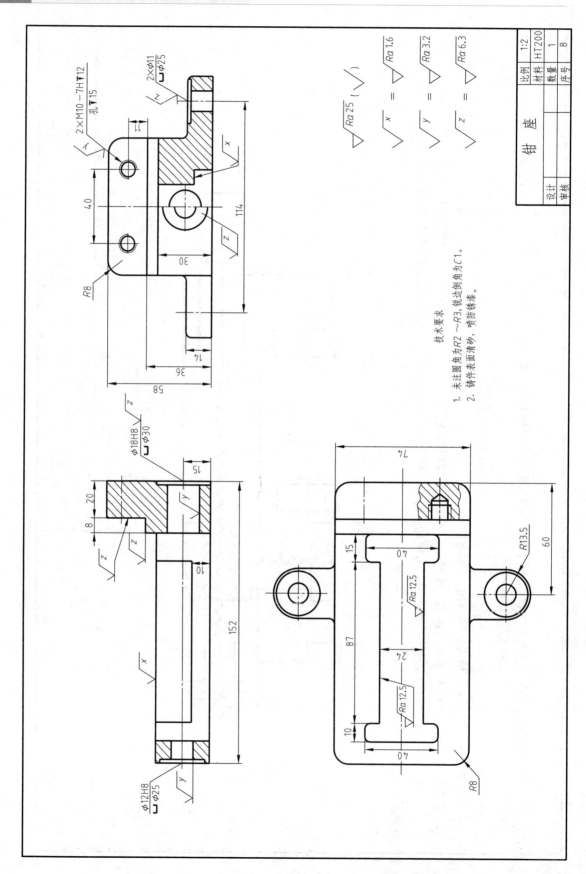

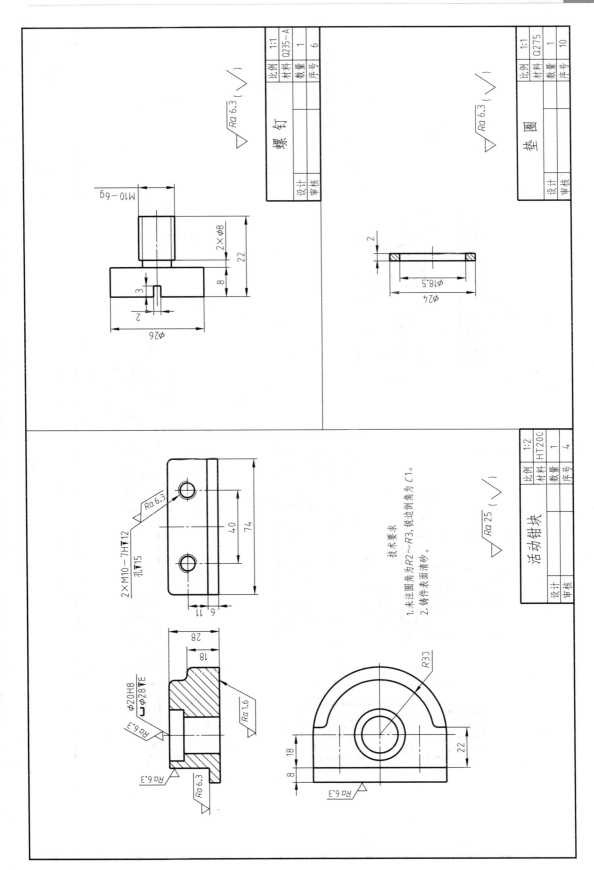

螺 钉

		比例	1:1
		材料	Q235-A
		数量	1
		序号	6
设计			
审核			

垫 圈

		比例	1:1
		材料	Q275
		数量	1
		序号	10
设计			
审核			

活动钳块

		比例	1:2
		材料	HT200
		数量	1
		序号	4
设计			
审核			

技术要求
1.未注圆角为R2~R3,锐边倒角为C1。
2.铸件表面清砂。

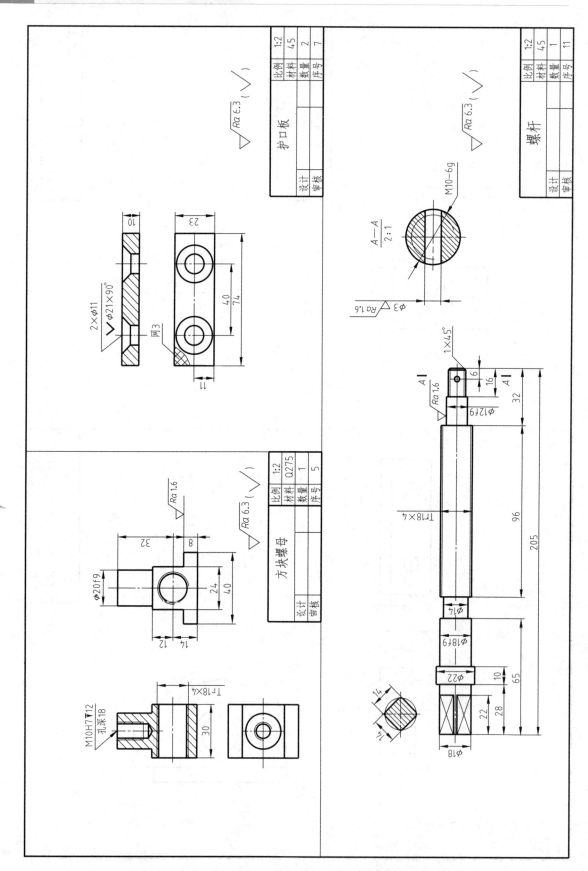

（3）根据回油阀的装配示意图和零件图，采用适当的比例和图幅拼画其装配图。

工作原理和示意图

回油阀是安装在供油管路中的一个部件，用以使剩余的柴油回到油箱中。在正常工作时，柴油从阀体右端 A 孔流入，从下端 B 孔流出；当主油路获得过量的油，超过允许的压力时，阀门被抬起，过量的油从阀体左端 C 孔流回油箱。

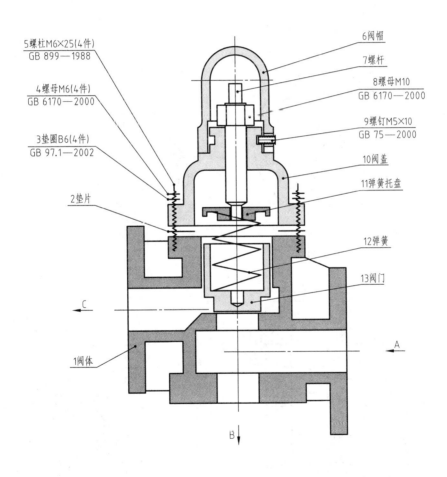

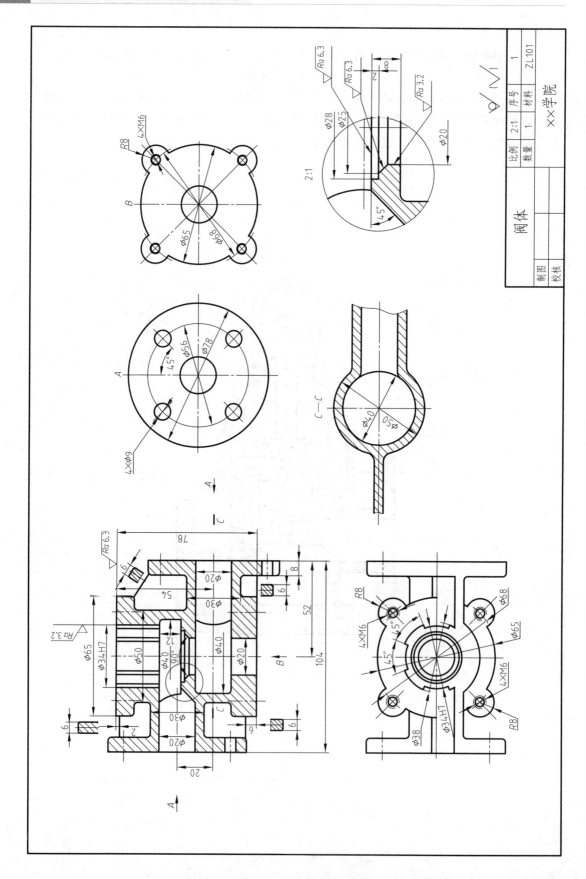

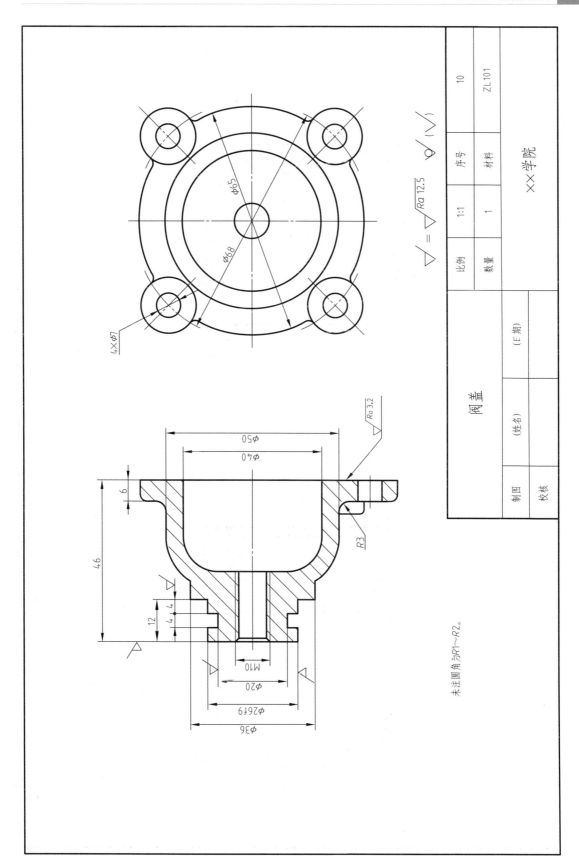

阀盖

未注圆角为R1～R2。

			比例	1:1	序号	10
			数量	1	材料	ZL101
制图	(姓名)	(日期)				
校核				××学院		

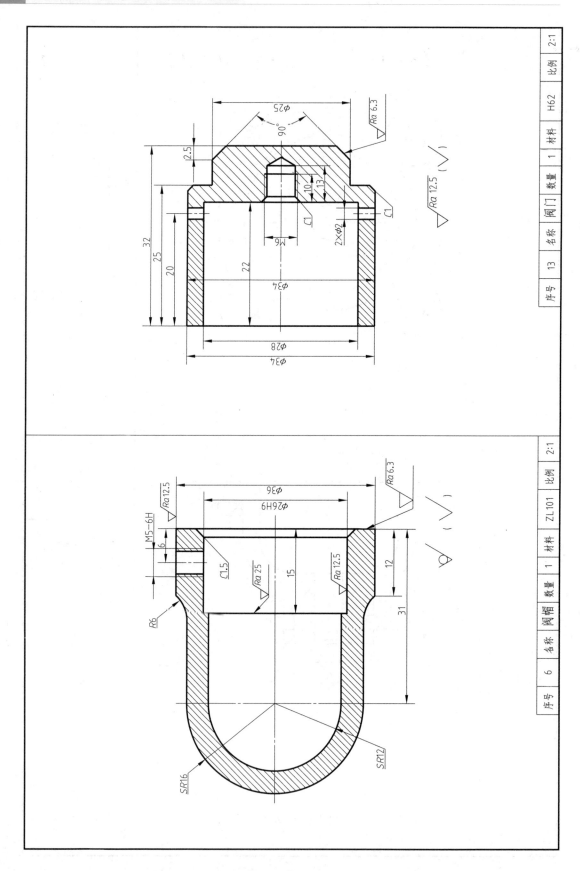

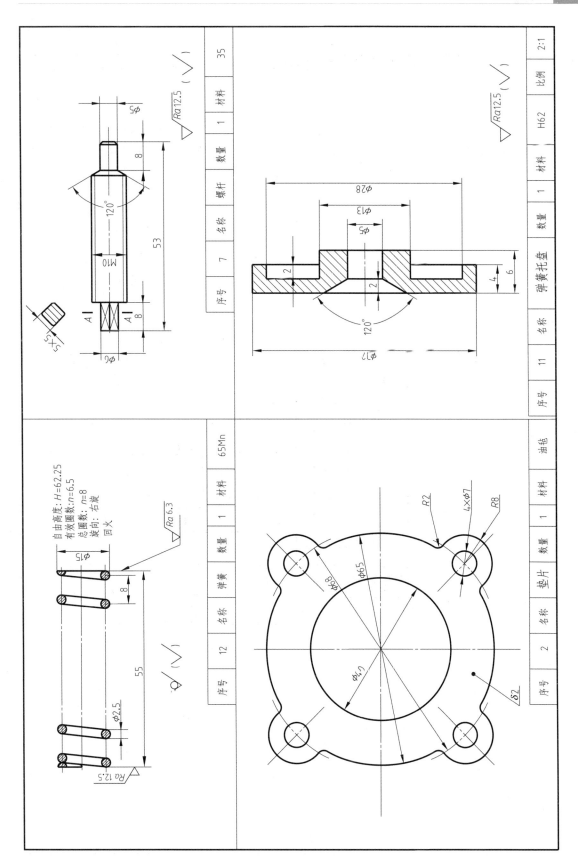

（4）根据三元子泵的装配示意图和零件图，采用适当的比例和图幅拼画其装配图。

工作原理和示意图

三元子泵运动由转子轴传入，因为小轴与转子泵不同心，所以在转运过程中小滑块两侧之间的间隙及和大滑块之间的空隙均不断地由最小空隙（零）变到最大空隙（吸油过程），又由最大空隙变到最小空隙（压油过程）。

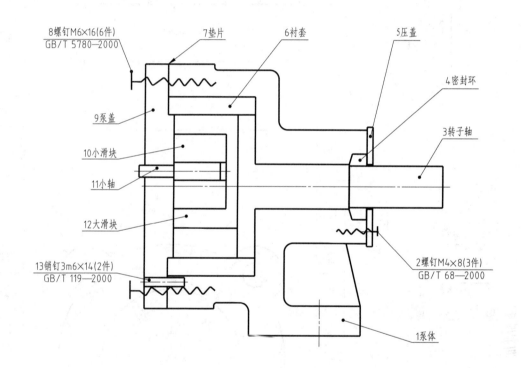

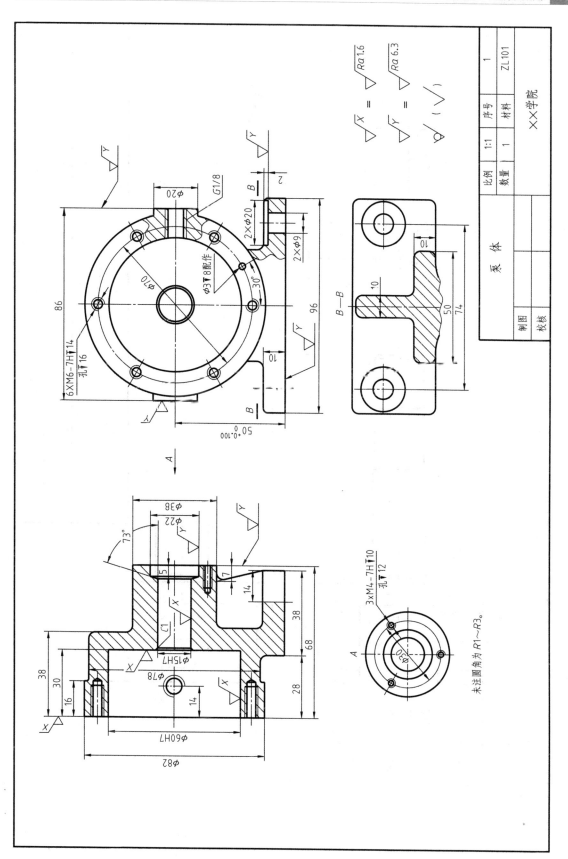

未注圆角为 R1～R3。

比例	1:1	序号	1
数量	1	材料	ZL101

泵 体

××学院

制图

校核

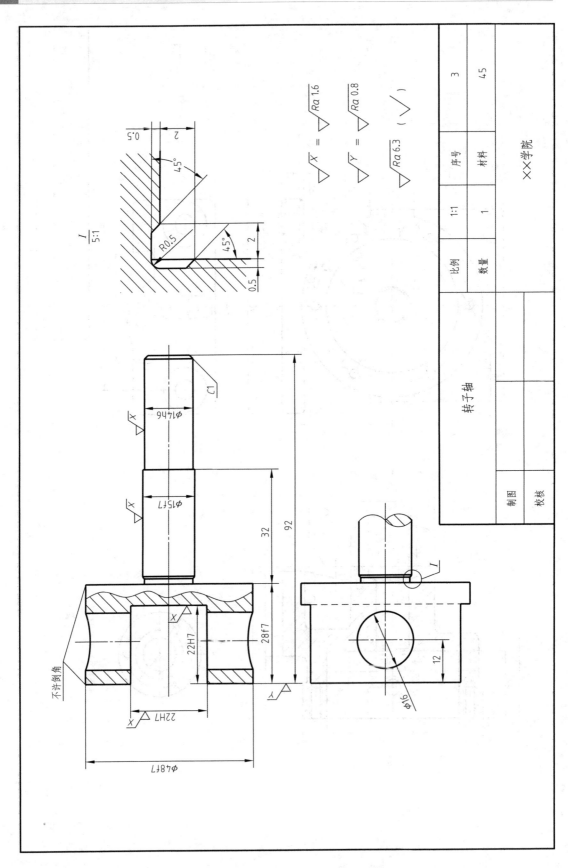

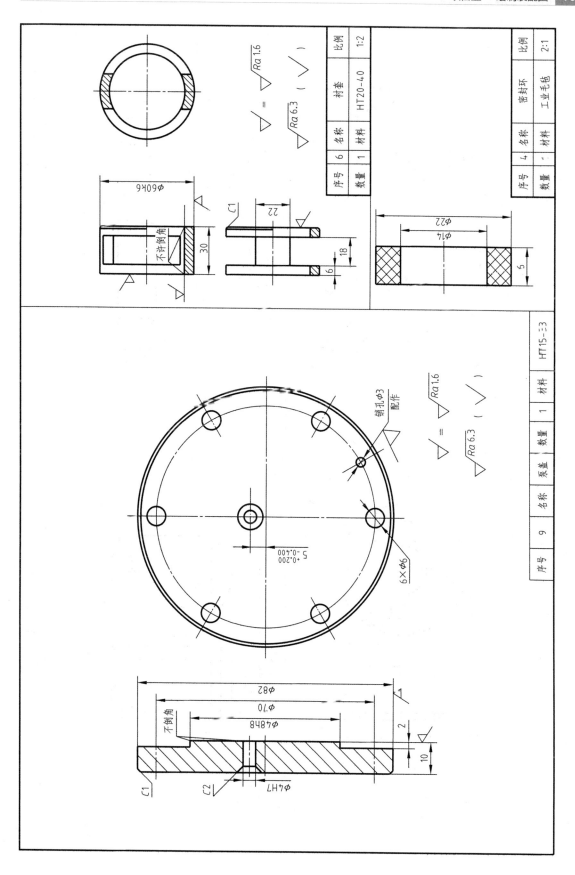

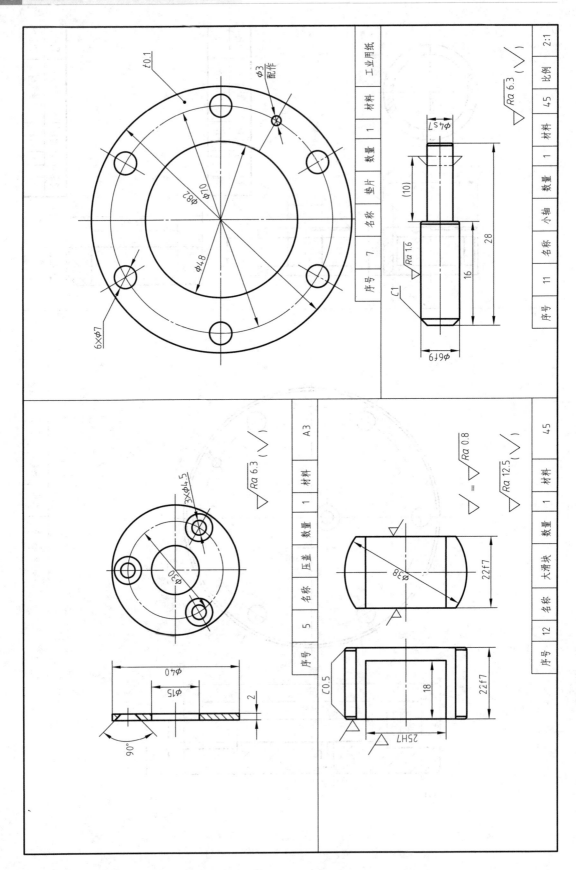

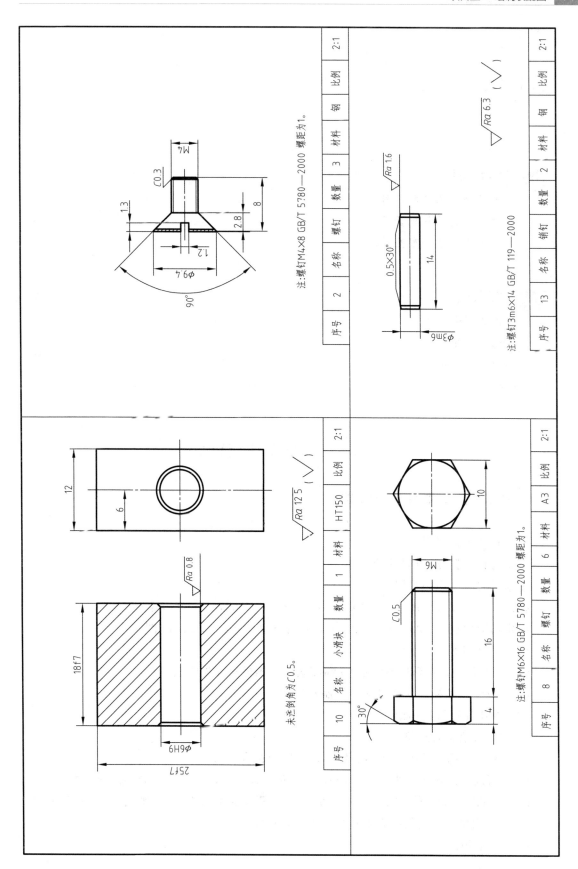

项目六

绘制化工工艺图

6.1 能力目标

① 熟练绘制工艺流程图；

② 熟练绘制设备布置图；

③ 熟练绘制管道布置图。

6.2 知识点

① 绘图命令；

② 编辑命令；

③ 图层的使用；

④ 块操作。

6.3 上机操作指导

任务① 绘制图 6-1 所示首页图。

【操作指导 1】

（1）设置图形界限

单击【格式】|【图形界限】。

重新设置模型空间界限：

指定左下角点或［开（ON）/关（OFF）］＜0.0000，0.0000＞：

指定右上角点 ＜420.0000，297.0000＞：841，594（采用 A0 图幅）

（2）绘制图框、标题栏

① 用矩形、直线等命令绘制 A0 幅面图框，图框尺寸见附表 1-1。

② 用直线、偏移、修剪等命令绘制标题栏。

（3）绘制注写管道标记

① 用直线绘制管道符号。

a. 所有图线都要清晰、光洁、均匀，宽度应符合要求。

b. 平行线间距至少要大于 1.5mm，以保证复制件上的图线不会分不清或重叠。

c. 图线的宽度分三种：粗线 0.6～0.9 mm；中粗线 0.3～0.5 mm；细线 0.15～0.25mm。

② 用多段线命令绘制箭头表示物料流向，见图 6-2。

命令：_pline

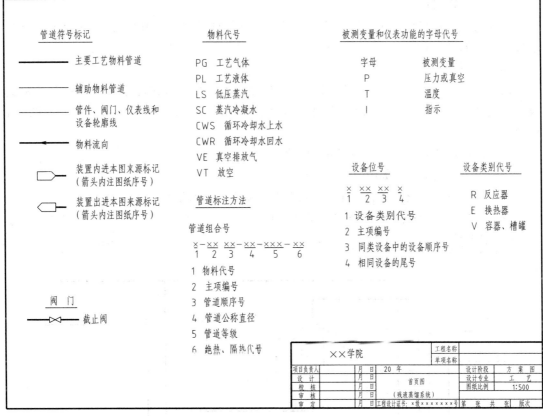

图 6-1　首页图

指定起点：　　　　　　　　　　　　　（在表示物料直线的适当位置单击鼠标）

当前线宽为 0.0000

指定下一个点或 [圆弧(A)/半宽(H)/长度(L)/放弃(U)/宽度(W)]：　　w（输入 W）

指定起点宽度 <0.0000>：3　　　　　　　　　　　　（输入适当宽度，如 3）

指定端点宽度 <3.0000>：0　　　　　　　　　　　　　　　　（输入 0）

指定下一个点或 [圆弧(A)/半宽(H)/长度(L)/放弃(U)/宽度(W)]：（在适当位置单击鼠标）

指定下一点或 [圆弧(A)/闭合(C)/半宽(H)/长度(L)/放弃(U)/宽度(W)]：（回车）

图 6-2　物料流向

③ 用长仿宋体注写管道标记，并要以国家正式公布的简化字为标准，不得任意简化、杜撰，如图 6-1 所示。

（4）绘制注写阀门

用直线、修剪等命令绘制阀门图例，如图 6-3 所示，阀门图例尺寸一般为长 4mm，宽 2 mm 或长 6mm，宽 3mm。用长仿宋体注写文字。

图 6-3　阀门

（5）注写物料代号

按物料的名称和状态取其英文名字的字头组成物料代号。一般采用 2～3 个大写英文字母表示，如图 6-1 所示。

（6）注写设备位号

设备位号在流程图、设备布置图及管道布置图中书写时，在规定的位置画一条粗实线——设备位号线。线上方书写设备位号，线下方在需要时可书写设备名称，如图 6-1 所示。

（7）注写设备类别代号（如图 6-1 所示）。

（8）注写管道编号（如图 6-1 所示）。

（9）注写被测变量和仪表功能的字母代号（如图 6-1 所示）。

（10）注写英文缩写字母（如图 6-1 所示）。

任务 ❷　绘制如图 6-4 所示物料残液蒸馏处理系统工艺方案流程图。

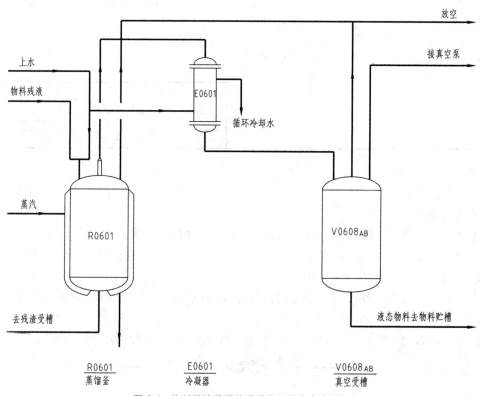

图 6-4　物料残液蒸馏处理系统工艺方案流程图

【操作指导 2】

（1）绘制设备

① 设备图在绘制时其尺寸和比例可在一定范围内调整。一般在同一工程项目中，同类设备的外形尺寸和比例应有一个定值或一规定范围。

② 设备图例按 HG/T 20519.2—2009 规定绘制。常见设备图例见附表 2-3。

③ 图形线条宽度为 0.15mm 或 0.25mm。

绘制设备见图 6-5。

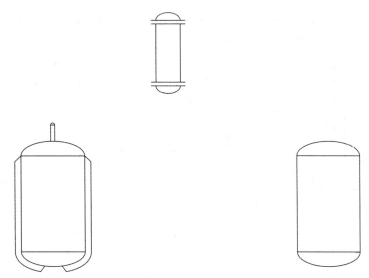

图 6-5　绘制设备

（2）绘制管道流程线

① 绘制主要物料流程线，线宽选择 0.6～0.9mm。

② 绘制辅助物料流程线，线宽选择 0.3～0.5mm。

③ 绘制箭头，箭头用多段线绘制。结果如图 6-6 所示。

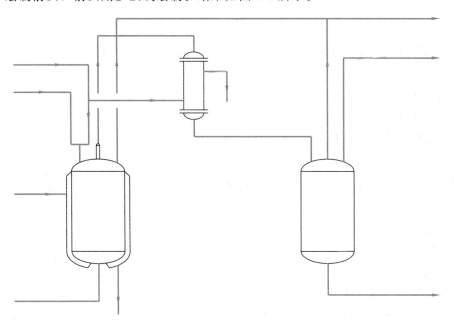

图 6-6　绘制流程线

（3）标注

① 标注设备位号。

② 标注物料。

标注结果如图 6-7 所示。

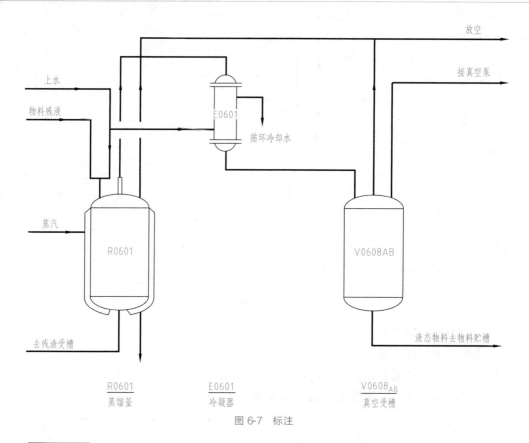

图 6-7 标注

任务❸ 绘制如图 6-8 所示物料残液蒸馏处理系统物料流程图。

【操作指导 3】

① 绘制工艺流程图（如任务 2）。

② 用细实线绘制表格和指引线。

③ 用长仿宋体注写物料成分。

④ 绘制注写标题栏。

任务❹ 绘制如图 6-9 所示物料残液蒸馏处理系统的工艺管道及仪表流程图。

【操作指导 4】

（1）绘图

① 绘制设备。

② 绘制管道流程线。

a. 绘制箭头表示物料的流向。

b. 绘制空心箭头表示同一装置、主项内的管道或仪表信号线的图纸接读标志，在空心箭头内注明相应图纸的图号或序号，在其上方注明来或去的设备位号或管道号或仪表位号。如图 6-10 所示。

③ 绘制阀门。

④ 绘制仪表。

a. 绘制仪表符号：用细实线绘制直径为 10mm 的圆，绘制直线如图 6-11。

b. 定义属性。

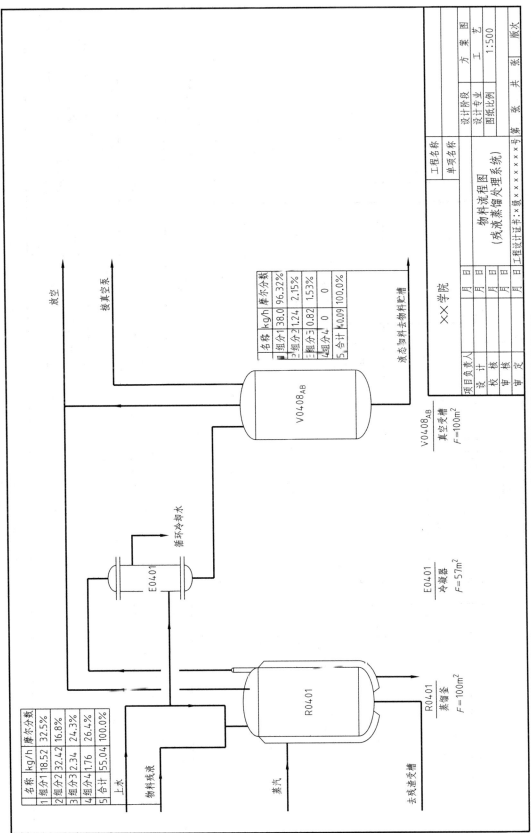

图 6-8　物料残液蒸馏处理系统的物料流程图

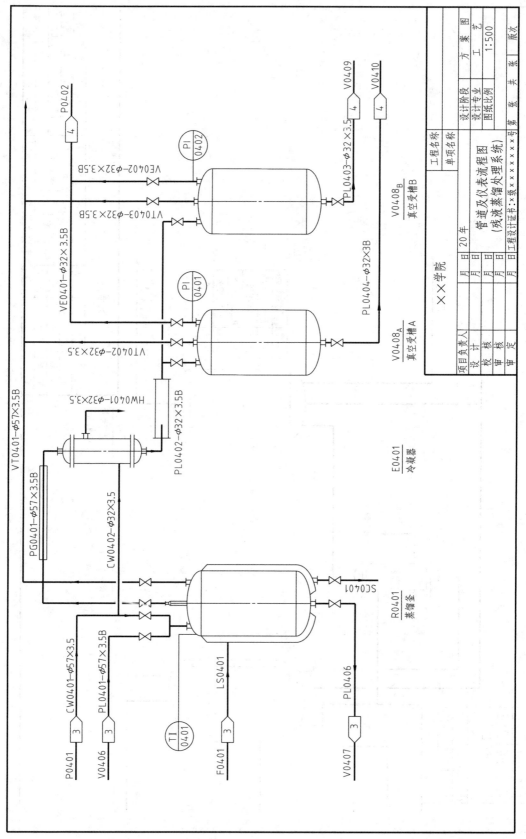

图6-9 物料残液蒸馏处理系统的工艺管道及仪表流程图

图 6-10　进出装置或主项的管道或仪表信号线的图纸接续标记

图 6-11　仪表符号

定义仪表属性如下。

第 1 步：单击【绘图】|【块】|【定义属性】|，弹出【属性定义】对话框，如图 6-12 所示。

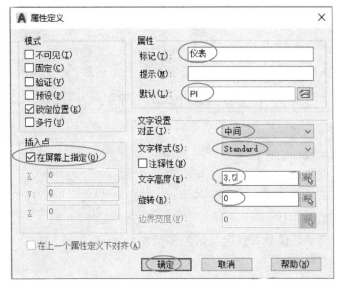

图 6-12　属性定义

第 2 步：注写属性标记：仪表。

第 3 步：注写属性值：PI。

第 4 步：在屏幕上指定插入点，如图 6-13 所示。

第 5 步：文字选项：3.5。

第 6 步：对正：中间。

第 7 步：其它如图 6-11 所示。

第 8 步：单击【确定】仪表属性定义结果如图 6-14 所示。

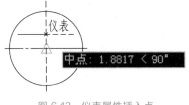

图 6-13　仪表属性插入点

图 6-14　仪表属性定义结果

定义位号属性如下。

第 1 步：单击【绘图】|【块】|【定义属性】|，弹出【属性定义】对话框，如图 6-15 所示。

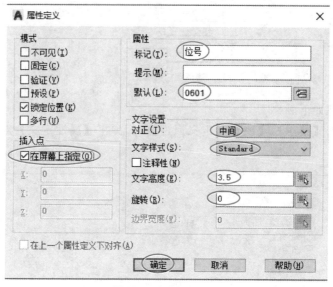

图 6-15　定义位号属性

第 2 步：注写属性标记：位号。

第 3 步：注写属性值：0601。

第 4 步：在屏幕上指定插入点，如图 6-16 所示。

第 5 步：其它如图 6-15 所示。

第 6 步：单击确定，位号属性定义结果如图 6-17 所示。

图 6-16　位号属性插入点

图 6-17　位号属性定义结果

c. 创建仪表块。

第 1 步：单击【绘图】|【块】|【创建块】，弹出【块定义】对话框，如图 6-18 所示。

图 6-18　块定义

第2步：拾取基点，如图6-19所示。

第3步：选择对象，将图形和属性全部拾取，如图6-20所示。

第4步：单击【确定】，创建如图6-21所示图块。

图6-19　拾取基点

图6-20　选择对象

图6-21　创建图块

d. 插入仪表块。

单击【插入块】，在"最近使用的块"中选择"仪表"，单击，如图6-22所示。

命令：_insert

指定插入点或［基点(B)/比例(S)/X/Y/Z/旋转(R)］：　　　　　　　　（在屏幕上指定）

输入属性值

位号＜0601＞：0602　　　　　　　　　　　　　　　　　　　　　　（输入0602）

仪表＜PI＞：　　　　　　　　　　　　　　　　　　　　　　　　　　（回车）

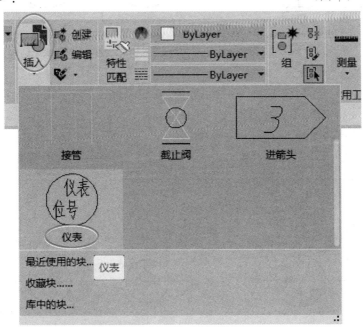
图6-22　插入仪表块

结果如图6-23所示。

命令：_insert

指定插入点或［基点(B)/比例(S)/X/Y/Z/旋转(R)］：　　　　　　　　（在屏幕上指定）

输入属性值

位号＜0601＞：　　　　　　　　　　　　　　　　　　　　　　　　　（回车）

仪表＜PI＞：TI　　　　　　　　　　　　　　　　　　　　　　　　　（输入TI）

结果如图 6-24 所示。

图 6-23　插入 PI 块　　　　　图 6-24　插入 TI 块

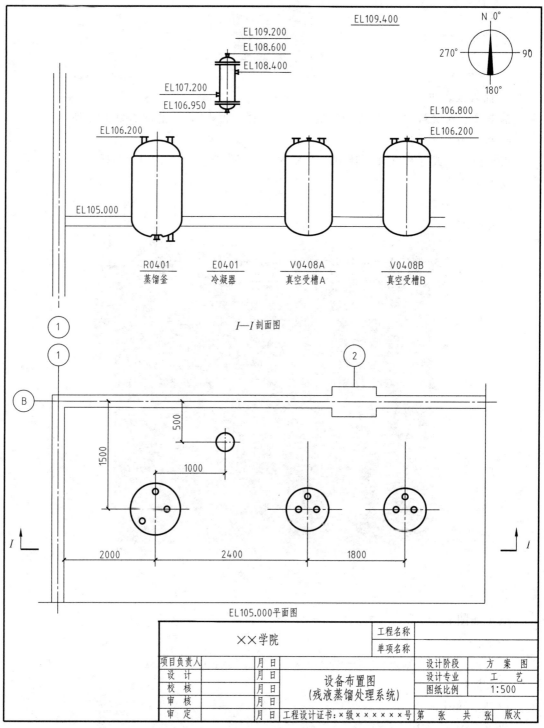

图 6-25　物料残液蒸馏处理系统的设备布置图

（2）标注

① 标注设备位号。

② 标注管道组合号。

任务❺ 绘制如图 6-25 所示物料残液蒸馏处理系统的设备布置图。

【操作指导 5】

① 用细实线绘制土建结构（厂房）的基本轮廓。

② 用粗实线绘制设备。

③ 绘制方向标如图 6-26 所示。

④ 标注。

a. 标注厂房定位轴线、标高。

绘制圆，如图 6-27（a）所示。

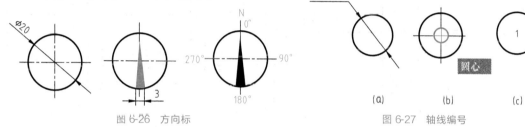

图 6-26　方向标　　　　　　　　　图 6-27　轴线编号

用单行文字命令标注轴线编号。

命令：_dtext

当前文字样式：　样式 1　当前文字高度：　2.5000

指定文字的起点或［对正(J)/样式(S)］：j　　　　　　　　（输入 j）

输入选项

［对齐(A)/调整(F)/中心(C)/中间(M)/右(R)/左上(TL)/中上(TC)/右上(TR)/左中(ML)/正中(MC)/右中(MR)/左下(BL)/中下(BC)/右下(BR)］：m（输入 m）

指定文字的中间点：　　　　　　　［选择圆心，如图 6-27（b）所示］

指定高度＜2.5000＞：5　　　　　　（输入 5）

指定文字的旋转角度＜0＞：　　　　（回车）

（输入 1）

（回车）

（回车）得到如图 6-27（c）所示。

b. 标注设备的定位尺寸。

c. 标注设备的标高和设备位号。

d. 填写标题栏；检查、校核，完成设备布置图。

任务❻ 绘制如图 6-28 所示物料残液蒸馏处理系统的管道布置图。

【操作指导 6】

① 用细实线绘制土建结构（厂房）的基本轮廓。

② 用细实线绘制设备。

③ 用粗实线绘制管道。

④ 用细实线绘制阀门、仪表、管件等。

⑤ 标注建筑物定位轴线、设备定位尺寸、管道定位尺寸。

⑥ 绘制方向标。

⑦ 标注设备位号、管道代号。

⑧ 注写标题栏。

【模仿练习】　绘制如图 6-29 所示碱液配置管道布置图。

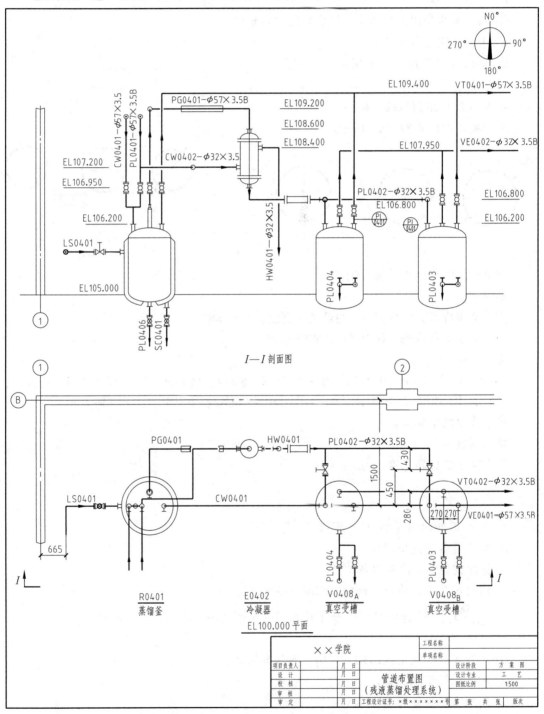

图 6-28　物料残液蒸馏处理系统的管道布置图

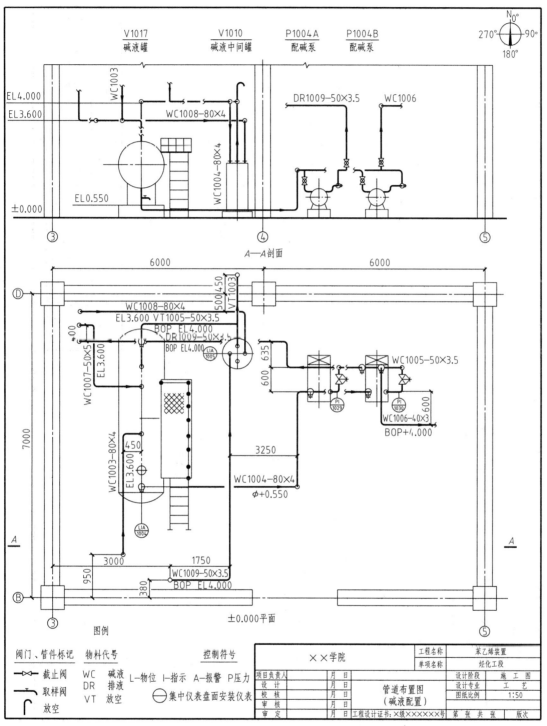

图 6-29 碱液配置管道布置图

6.4 综合训练

绘制图 6-30～图 6-35 化工工艺图。

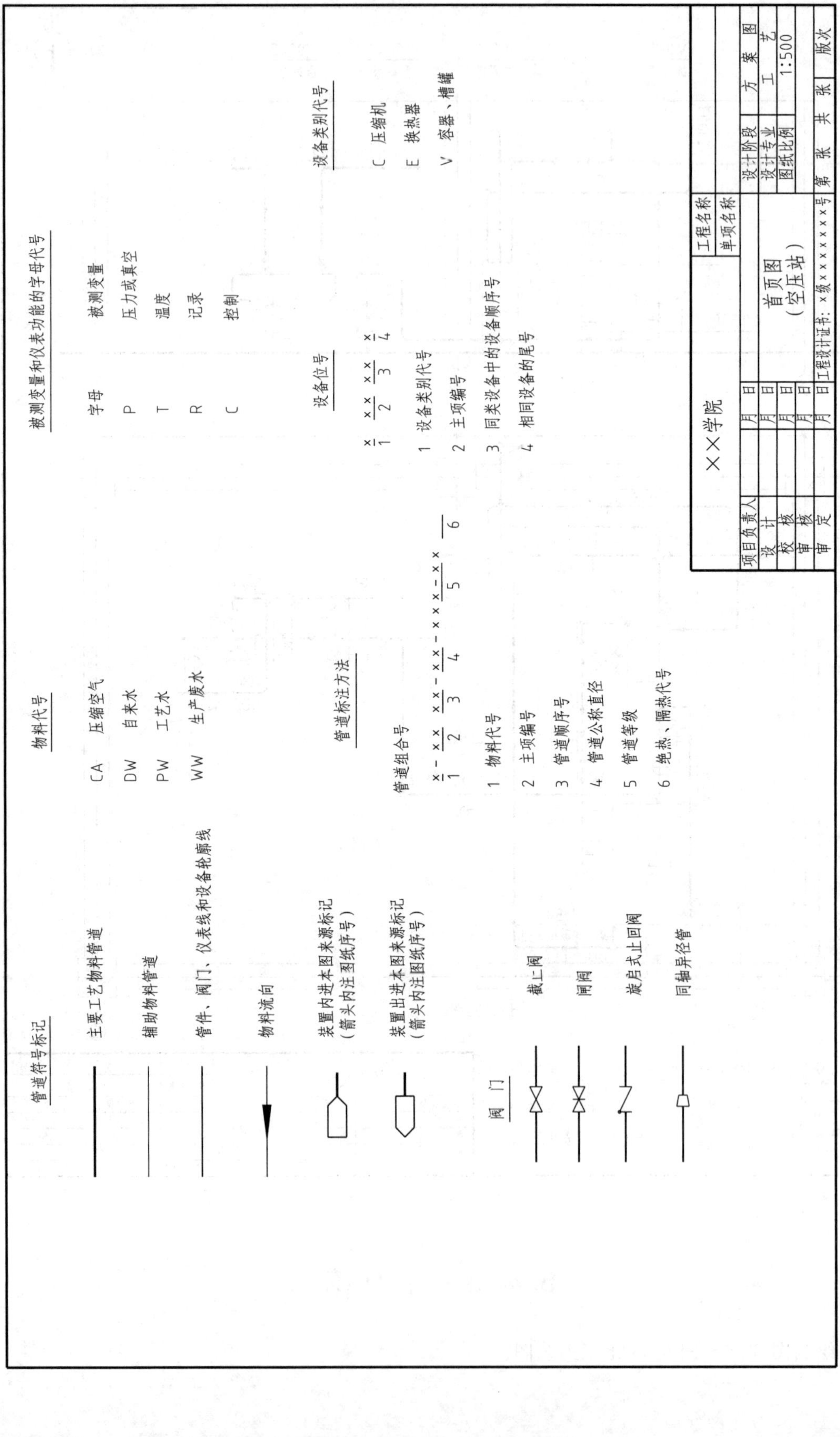

管道符号标记
主要工艺物料管道
辅助物料管道
管件、阀门、仪表线和设备轮廓线
物料流向
装置内进本图来源标记
(管头内注图纸序号)
装置出进本图来源标记
(箭头内注图纸序号)
阀门
截止阀
闸阀
旋启式止回阀
同轴异径管
物料代号
CA 压缩空气
DW 自来水
PW 工艺水
WW 生产废水
管道标注方法
管道组合号
x - xx - xx - xx - xx - xx
1 2 3 4 5 6
1 物料代号
2 主项编号
3 管道顺序号
4 管道公称直径
5 管道等级
6 绝热、隔热代号
被测变量和仪表功能的字母代号
字母 被测变量
P 压力或真空
T 温度
R 记录
C 控制
设备位号
x xx xx x
1 2 3 4
1 设备类别代号
2 主项编号
3 同类设备中的设备顺序号
4 相同设备的尾号
设备类别代号
C 压缩机
E 换热器
V 容器、槽罐
××学院
项目负责人 月 日
设计 月 日
校核 月 日
审核 月 日
审定 月 日
工程名称
单项名称
首页图
(空压站)
工程设计证书：×级××××××××号
设计阶段 方案图
设计专业 工艺
图纸比例 1:500
第 张 共 张 版次

图 6-30

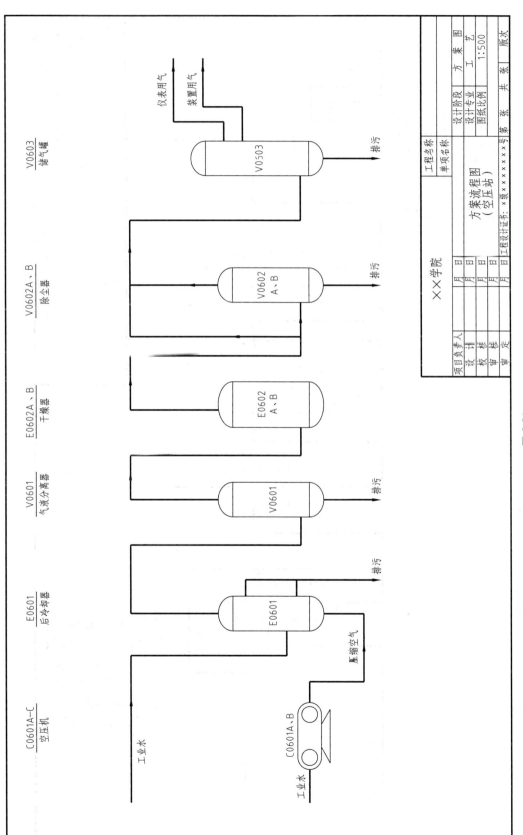

图 6-31

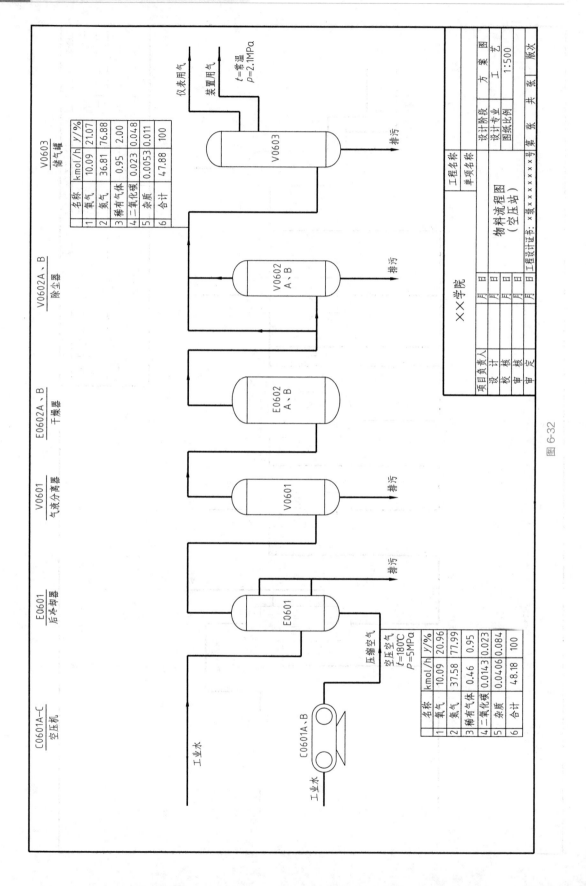

图 6-32

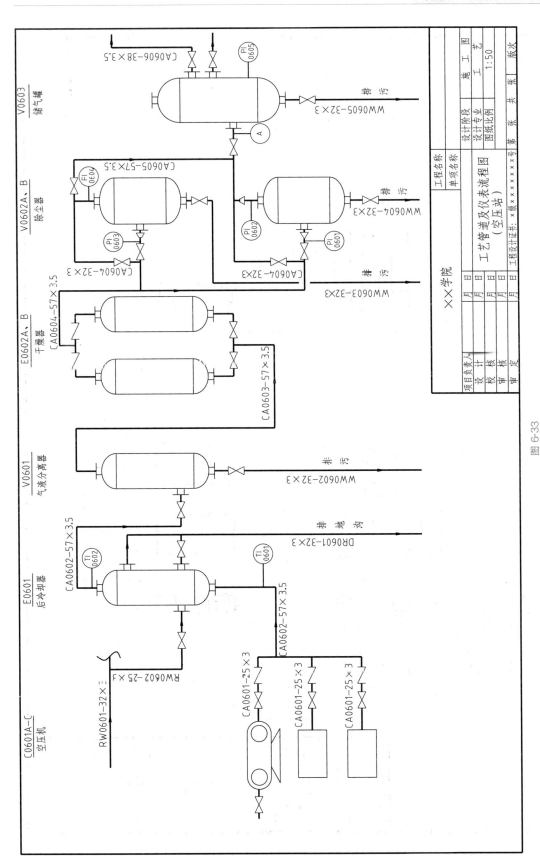

图6-33

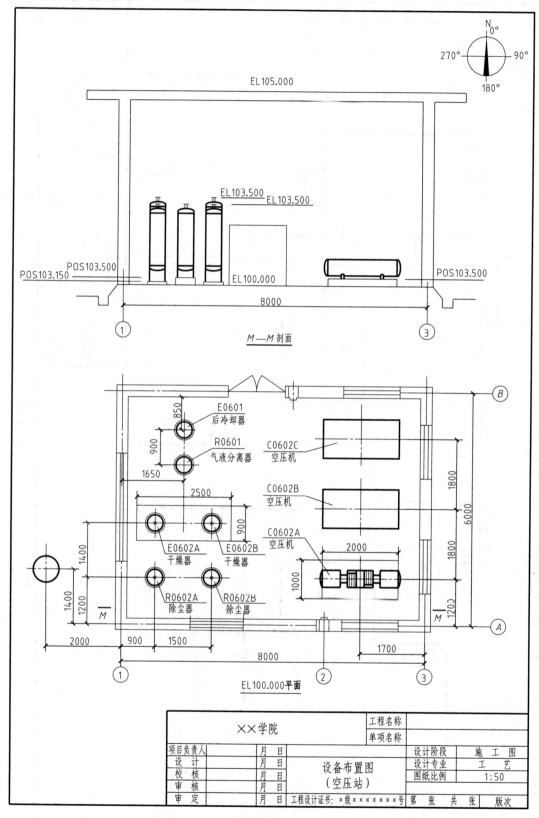

图 6-34

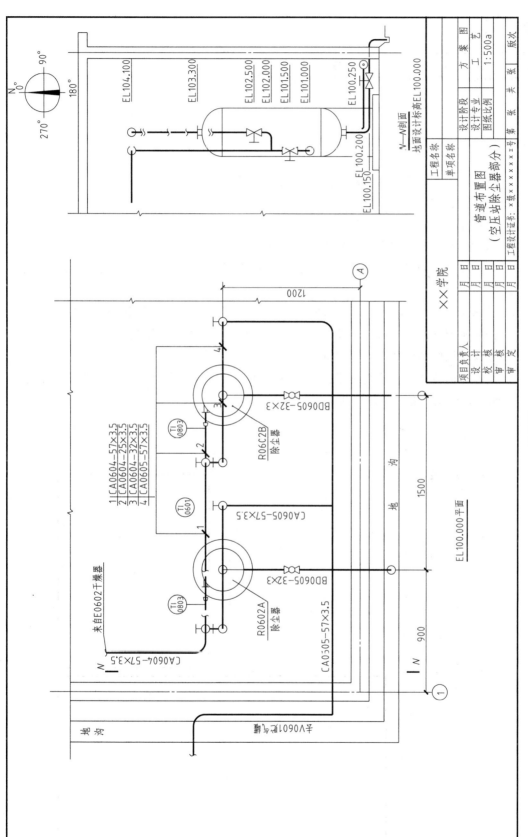

图 6-35

项目七

计算机绘图师考试模拟试卷

7.1 计算机绘图师考试模拟试卷（一）

试题说明：

1. 本试卷共 4 题，闭卷，时间为 180 分钟；

2. 考生在指定的驱动器下建立一个以"考号和姓名"为名称的文件夹，用于存放图形文件；

3. 试题 1、2、3、4 存放于一个图形文件，名字为"1234"，图面的布局如下图所示；

4. 按照国家标准的有关规定设置文字样式、线型、线宽和线型比例；

5. 建议不同的图层选用不同的颜色；

6. 交卷之前应该再次检查所建立的文件夹和图形文件的名称和位置，若未按上述要求，请改正，以免收卷时漏掉这些文件。

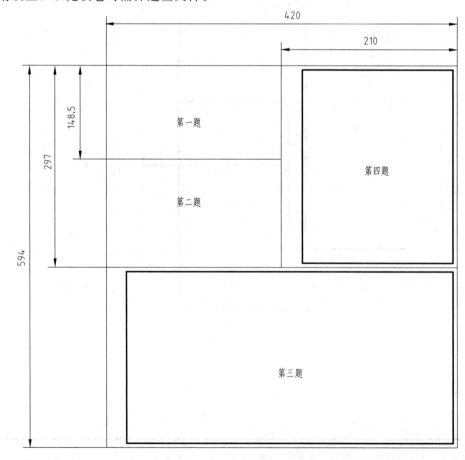

一、按照 1∶1 的比例抄画下面的图形（不注尺寸，10 分）。

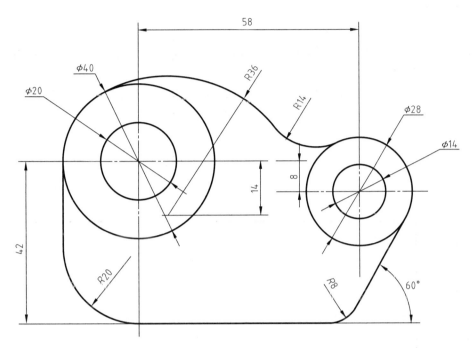

二、按照 1∶1 的比例抄画形体的主视图和俯视图，补画其半剖的左视图（不画虚线，不注尺寸，30 分）。

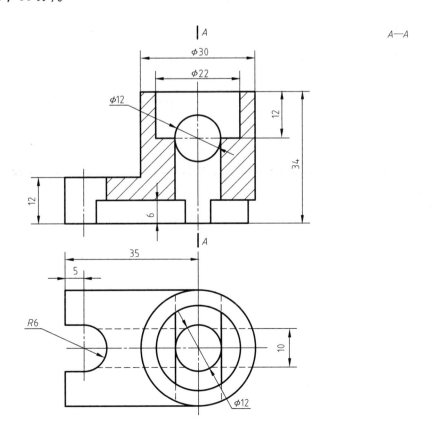

三、绘制阀体零件图（30 分）

具体要求如下：

1. 以 1∶1 的比例抄画阀体的零件图；

2. 按照图示尺寸绘制 A4 图幅的图框和标题栏，不注图框和标题栏的尺寸，需要填写内容；

3. 不同颜色、线型和宽度的图线放在不同的图层上，尺寸标注必须放在单独的图层上。

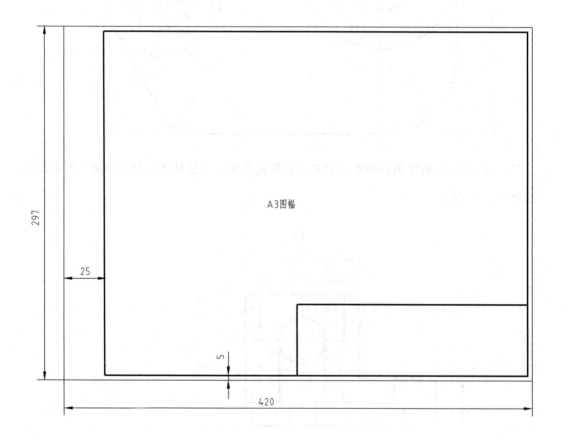

四、根据溢流阀的零件图和装配示意图拼画其装配图（30 分）

工作原理

溢流阀是安装在管路中的安全装置。它的右孔与高压的流体管路连接，顶部与常压的管路连接。正常情况下，弹簧通过弹簧座使钢球压紧阀门，高压管路与回油管路处于关闭状态。当油压超过额定压力时，高压油克服弹簧的压力，推动钢球向左移动，高压油溢出到回油管路，油压下降。当油压下降到一定压力时，关闭阀门。

调节螺母的作用是调节额定的油压。

钢球直径为 $\phi16$，材料为 45。

具体要求：

① 选用 A3 的图幅。按照下图所示的尺寸绘制 A3 图幅的图框、标题栏和明细表，不标注它们的尺寸。

② 按照 1∶1 的比例，完整清晰地表达该部件的工作原理和装配关系，标注必要的尺寸。

③ 编注零件的序号，绘制图框、标题栏和明细表并填写其中的内容。

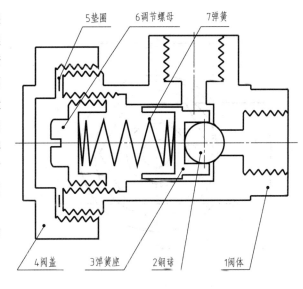

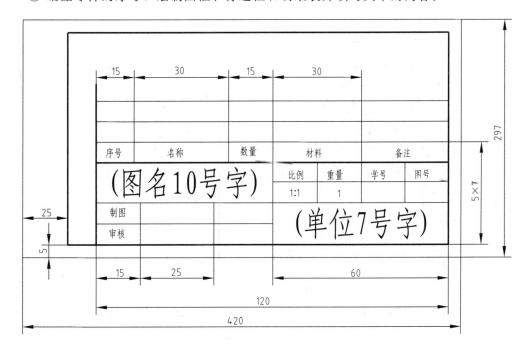

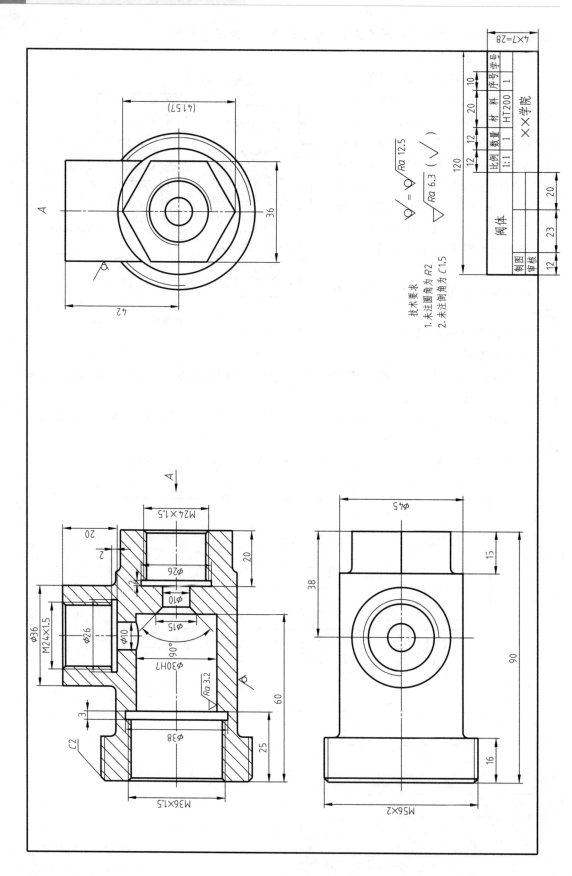

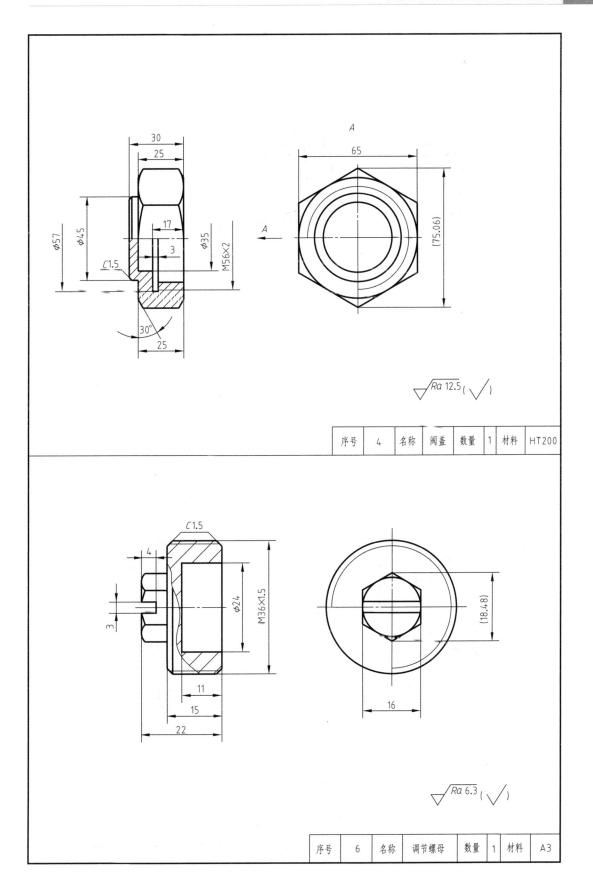

序号	4	名称	阀盖	数量	1	材料	HT200

| 序号 | 6 | 名称 | 调节螺母 | 数量 | 1 | 材料 | A3 |

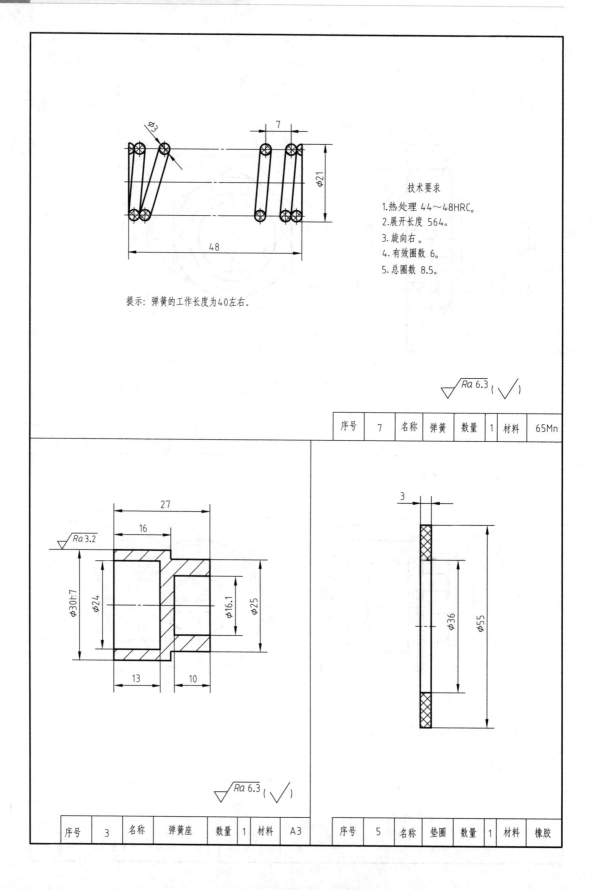

技术要求
1.热处理 44～48HRC。
2.展开长度 564。
3.旋向右。
4.有效圈数 6。
5.总圈数 8.5。

提示：弹簧的工作长度为40左右。

序号	7	名称	弹簧	数量	1	材料	65Mn

序号	3	名称	弹簧座	数量	1	材料	A3

序号	5	名称	垫圈	数量	1	材料	橡胶

7.2 计算机绘图师考试模拟试卷（二）

试题说明：

1．本试卷共 4 题，闭卷，时间为 180 分钟；

2．考生在指定的驱动器下建立一个以"考号和姓名"为名称的文件夹，用于存放图形文件；

3．试题 1、2、3、4 存放于一个图形文件，名字为"1234"，图面的布局如下图所示；

4．按照国家标准的有关规定设置文字样式、线型、线宽和线型比例；

5．建议不同的图层选用不同的颜色；

6．交卷之前应该再次检查所建立的文件夹和图形文件的名称和位置，若未按上述要求，请改正，以免收卷时漏掉这些文件。

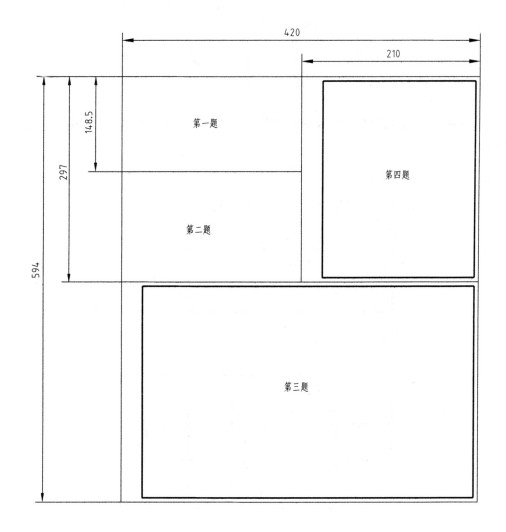

一、按照 1∶1 的比例抄画下面的图形（不注尺寸，10 分）。

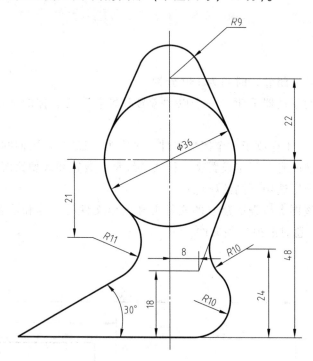

二、按照 1∶1 的比例抄画形体的主视图和俯视图，补画其半剖的左视图（不注尺寸，30 分）。

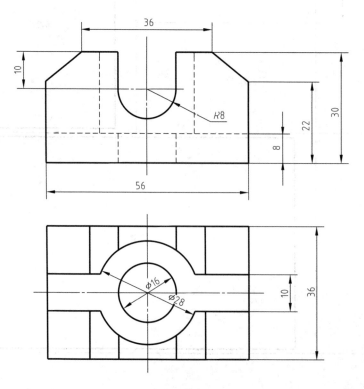

三、绘制阀体零件图（30 分）

具体要求如下：

1. 以 1∶1 的比例抄画阀体的零件图；

2. 按照图示尺寸绘制 A4 图幅的图框和标题栏，不注图框和标题栏的尺寸，需要填写内容；

3. 不同颜色、线型和宽度的图线放在不同的图层上，尺寸标注必须放在单独的图层上。

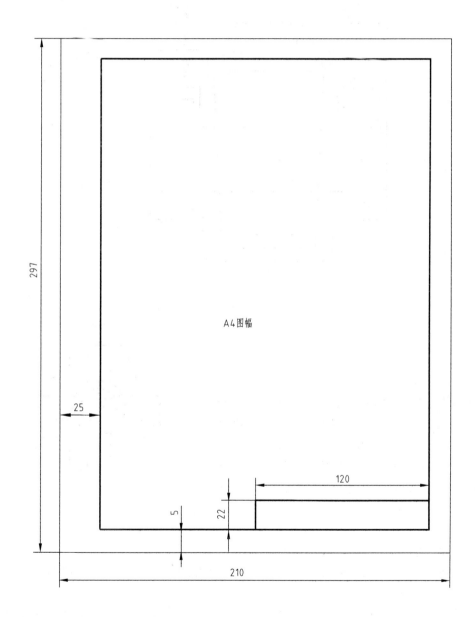

四、根据换向阀的零件图和装配示意图拼画其装配图（30 分）

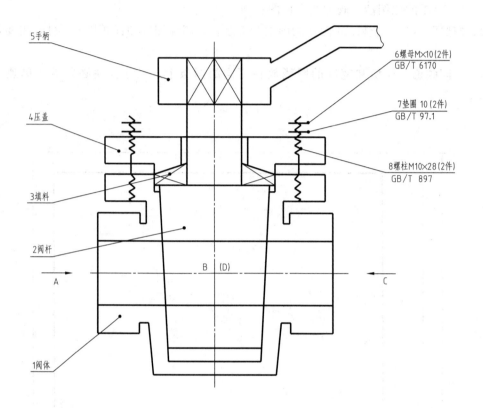

1. 工作原理

四通阀是用在管路系统中控制液体流动方向的控制部件，当阀杆 2 处于图示位置时，管道 A 和管道 B 接通，管道 C 和管道 D 接通；当阀杆 2 转过 90°时，管道 A 和管道 D 接通，管道 C 和管道 B 接通。当阀杆 2 转过 45°时，所有管道均关闭。

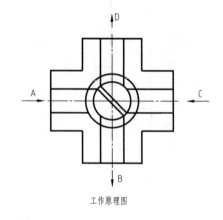

工作原理图

2. 具体要求

① 选用 A3 的图幅。按照试题（一）的尺寸绘制 A3 图幅的图框、标题栏和明细表，不标注它们的尺寸。

② 按照 1∶1 的比例，完整清晰地表达该部件的工作原理和装配关系，标注必要的尺寸。

③ 编注零件的序号、绘制图框、标题栏和明细表并填写其中的内容。

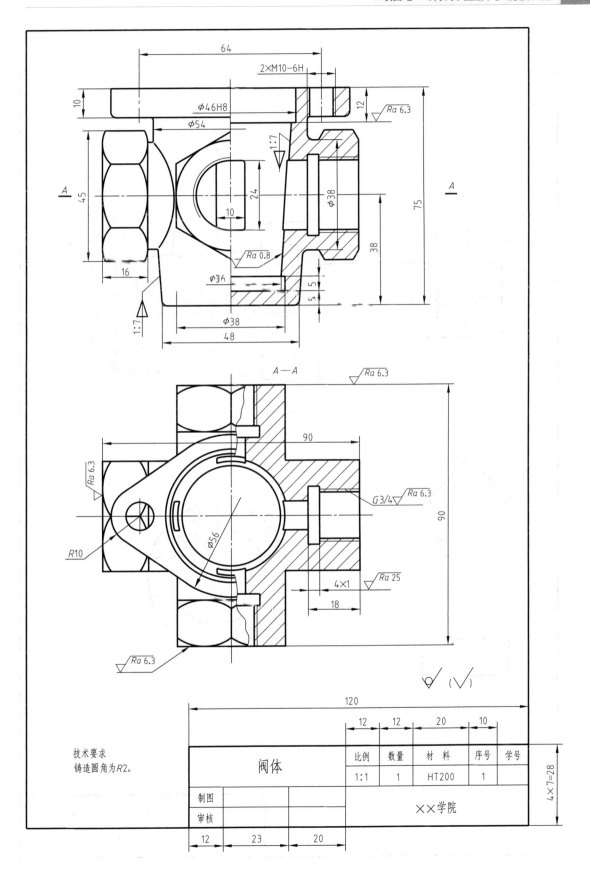

技术要求
铸造圆角为R2。

比例	数量	材料	序号	学号
1:1	1	HT200	1	

阀体

制图		
审核		

××学院

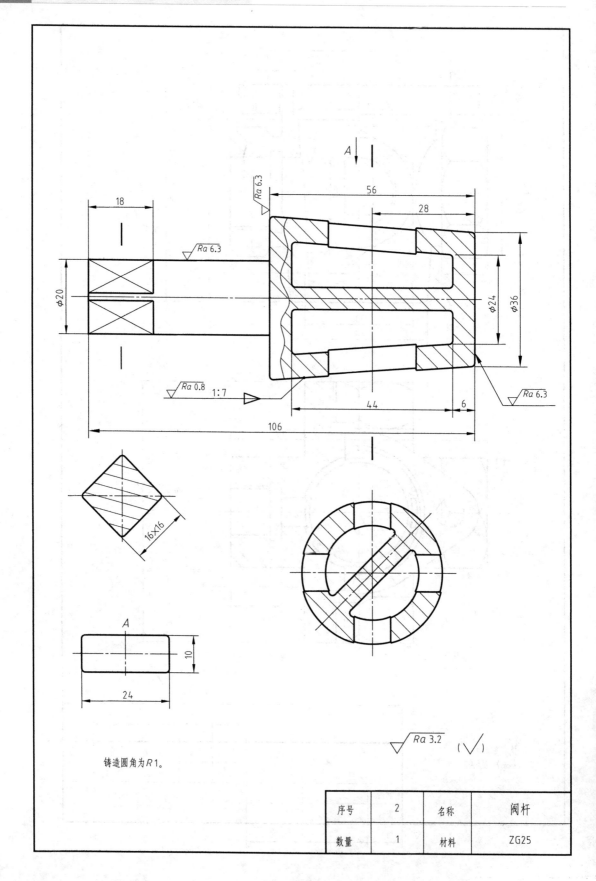

铸造圆角为 R1。

序号	2	名称	阀杆
数量	1	材料	ZG25

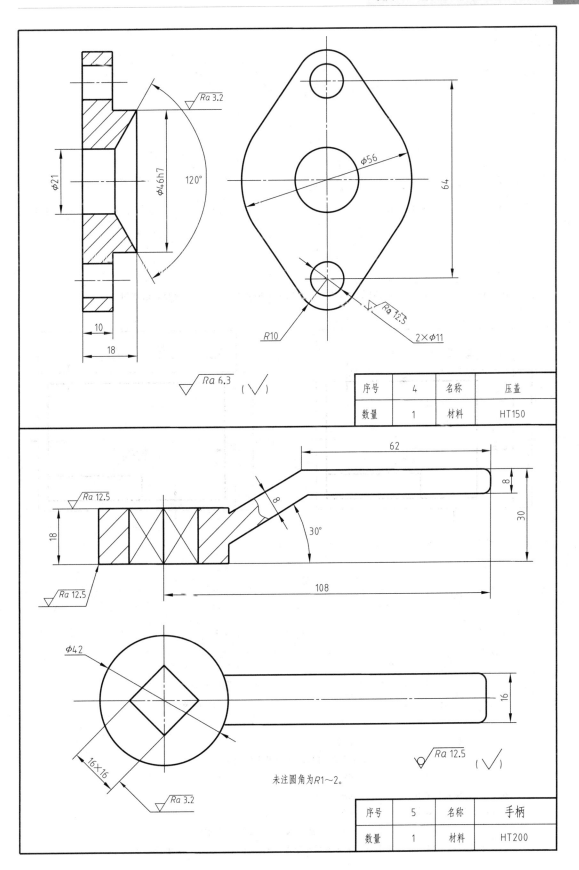

序号	4	名称	压盖
数量	1	材料	HT150

未注圆角为R1～2。

序号	5	名称	手柄
数量	1	材料	HT200

附录1

CAD工程制图规则（摘自GB/T 18229—2000）

附表 1-1　图纸基本幅面及格式

幅面代号	A0	A1	A2	A3	A4
$B \times L$	841×1189	594×841	420×594	297×420	210×297
e	20			10	
c	10			5	
a	25				

注：在CAD绘图中对图纸有加长加宽的要求时，应按基本幅面的短边（B）成整数倍增加。

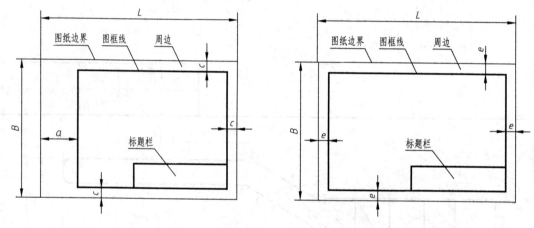

附图 1-1　图纸基本幅面及格式

附表 1-2　CAD工程图的字体与图纸幅面之间的大小关系

字体 ＼ 图幅	A0	A1	A2	A3	A4
字母数字	3.5				
汉字	5				

附表 1-3　字体的最小字（词）距、行距以及间隔线或基准线与书写字体之间的最小距离

字　体	最　小　距　离	
汉字	字距	1.5
	行距	2
	间隔线或基准线与汉字的间距	1
拉丁字母、阿拉伯数字、希腊字母、罗马数字	字符	0.5
	词距	1.5
	行距	1
	间隔线或基准线与字母、数字的间距	1

注：当汉字与字母、数字混合使用时，字体的最小字距、行距等应根据汉字的规定使用。

附表 1-4　CAD 工程图中的字体选用范围

汉字字型	国家标准号	字体文件名	应 用 范 围
长仿宋体	GB/T 13362.4～13362.5—1992	HZCF.*	图中标注及说明的汉字、标题栏、明细栏等
单线宋体	GB/T 13844—1992	HZDX.*	大标题、小标题、图册封面、目录清单、标题栏中设计单位名称、图样名称、工程名称、地形图等
宋体	GB/T 13845—1992	HZST.*	
仿宋体	GB/T 13846—1992	HZFS.*	
楷体	GB/T 13847—1992	HZKT.*	
黑体	GB/T 13848—1992	HZHT.*	

附表 1-5　CAD 工程图的图层管理

层号	描　　述	图　　例	屏幕上的颜色
01	粗实线 剖切面的粗剖切线		白色
02	细实线 细波浪线 细折断线	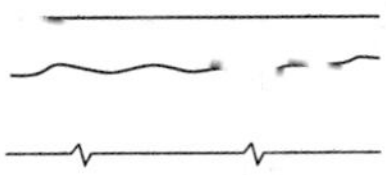	绿色
03	粗虚线		黄色
04	细虚线		黄色
05	细点画线 剖切面的剖切线		红色
06	粗点画线		棕色
07	细双点画线		粉红色
08	尺寸线,投影连线,尺寸终端与符号细实线	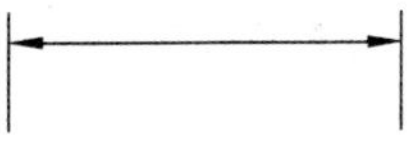	
09	参考圆,包括引出线和终端（如箭头）	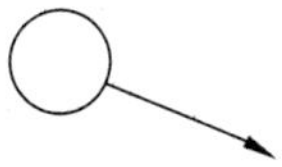	
10	剖面符号	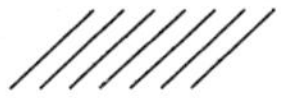	
11	文本,细实线	ABCD	
12	尺寸值和公差	432±1	
13	文本,粗实线	KLMN	
14,15,16	用户选用		

附录2

化工工艺图相关规定

附表 2-1　图线用法及宽度（HG/T 20519.1—2009）

类　别		图线宽度/mm			备　注
		0.6～0.9	0.3～0.5	0.15～0.25	
工艺管道及仪表流程图		主物料管道	其它物料管道	其它	设备、机器轮廓线 0.25mm
辅助管道及仪表流程图 公用系统管道及仪表流程图		辅助管道总管 公用系统管道总管	支管	其它	-
设备布置图		设备轮廓	设备支架 设备基础	其它	动设备（机泵等）如只绘 出设备基础，图线宽度用 0.6～0.9mm
设备管口方位图		管口	设备轮廓 设备支架 设备基础	其它	
管道布置图	单线 （实线或虚线）	管道		法兰、阀门 及其它	
	双线 （实线或虚线）		管道		
管道轴侧图		管道	法兰、阀门、承插 焊螺纹连接的管件 的表示线	其它	
设备支架图 管道支架图		设备支架及管架	虚线部分	其它	
特殊管件图		管件	虚线部分	其它	

注：凡界区线、区域分界线、图形接续分界线的图线采用双点画线，宽度均用 0.5mm。

附表 2-2　文字高度（HG/T 20519.1—2009）

书　写　内　容	推荐字高/mm	书　写　内　容	推荐字高/mm
图表中的图名及视图符号	5～7	图名	7
工程名称	5	表格中的文字	5
图纸中的文字说明及轴线号	5	表格中的文字（格高小于 6mm 时）	3
图纸中的数字及字母	2～3		

附表 2-3 工艺管道及仪表流程图中常用设备、机器图例 (HG/T 20519.2—2009)

类别及代号	图 例	类别及代号	图 例
塔 T	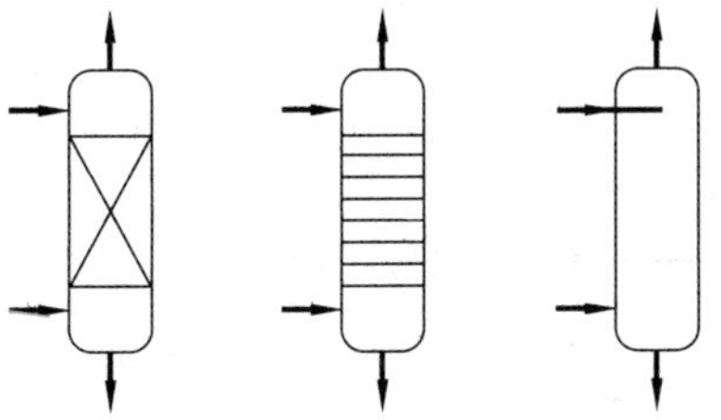 填料塔　板式塔　喷洒塔	压缩机 C	鼓风机　卧式　立式 旋转式压缩机 离心式压缩机　往复式压缩机
反应器 R	固定床反应器　列管式反应器　液化床反应器 ①、②（开式、带搅拌、夹套）反应釜 ③（开式、带搅拌、夹套、内盘管）反应釜	换热器	换热器(简图)　固定管板式列管换热器 U形管式换热器　浮头式列管换热器 套管式换热器　釜式换热器
工业炉 F	箱式炉　圆筒炉	容器 V	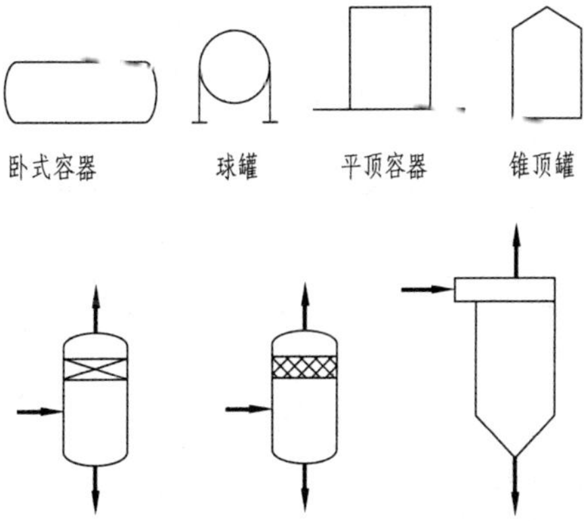 卧式容器　球罐　平顶容器　锥顶罐 填料除沫分离器　丝网除沫分离器　旋风分离器
泵 P	离心泵　水环式真空泵　旋转泵　齿轮泵		

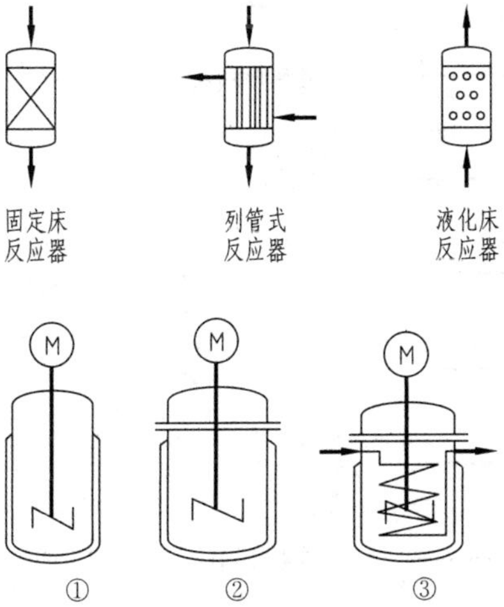

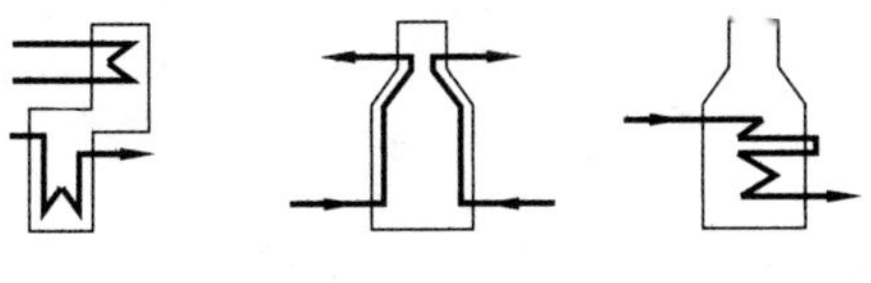

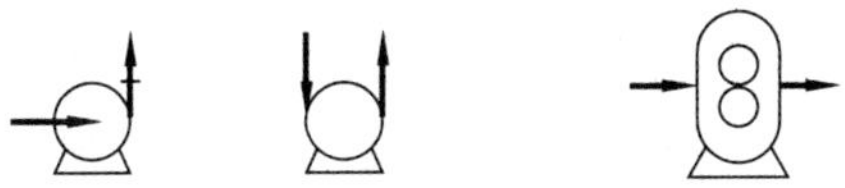

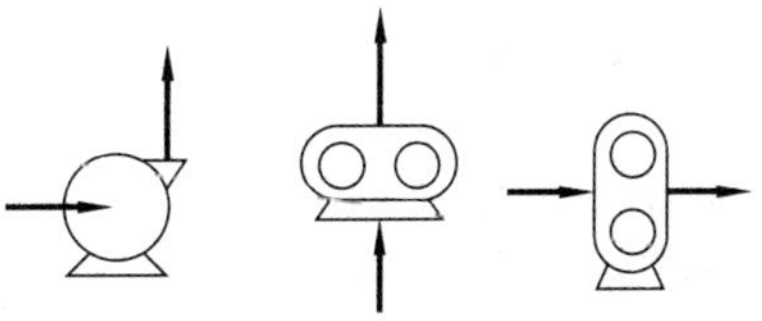

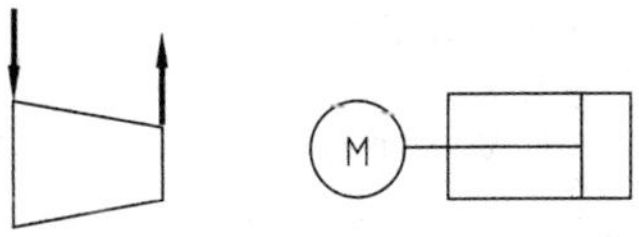

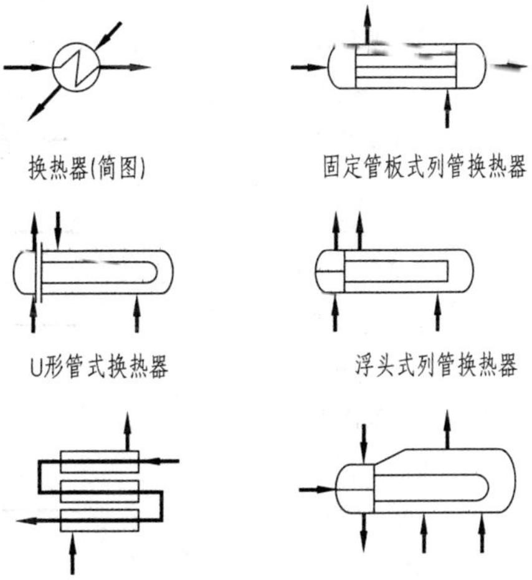

附表 2-4　工艺管道及仪表流程图中常用管道、管件及管道附件图例（HG/T 20519.2—2009）

名　称	图　例	备　注
主物料管道		粗实线
次要物料管道，辅助物料管道		中粗线
引线、设备、管件、阀门、仪表图形符号和仪表管线等		细实线
原有管道（原有设备轮廓线）		管线宽度与其相接的新管线宽度相同
地下管道（埋地或地下管沟）		
蒸汽伴热管道		
电伴热管道		
夹套管	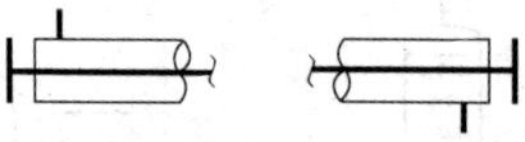	夹套管只表示一段
管道绝热层	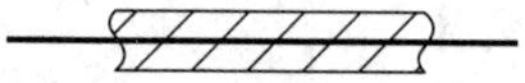	绝热层只表示一段
闸阀		
截止阀		
节流阀		
球阀	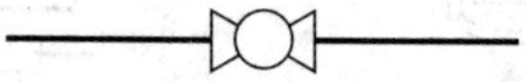	圆直径：4mm
旋塞阀		圆黑点直径：2mm

参考文献

[1] 化工工艺设计施工图内容和深度统一规定. 北京：化工部工程建设标准编辑中心，2009.

[2] 赵国增. 计算机辅助绘图与设计——AutoCAD2006 上机指导. 第 3 版. 北京：机械工业出版社，2010.

[3] 冯纪良. AutoCAD 简明教程暨习题集. 1 版. 大连：大连理工出版社，2009.

[4] 高玉芬. 机械制图测绘实训指导 1 版. 大连：大连理工出版社，2009.

[5] 刘立平. 化工制图. 2 版. 北京：化学工业出版社，2021.

[6] 刘立平. 化工制图习题集. 2 版. 北京：化学工业出版社，2021.

[7] 杜兰萍. 计算机绘图实训. 1 版. 安徽：安徽科学技术出版社，2010.

[8] 蒋晓. AutoCAD2007 中文版机械制图实例教程. 1 版. 北京：清华大学出版社，2007.

[9] 刘立平. 制图测绘与 CAD 实训. 上海：复旦大学出版社，2015.